U0321096

农作物秸秆
综合利用110问

彭卫东　单宏业　主编

中国农业科学技术出版社

图书在版编目（CIP）数据

农作物秸秆综合利用110问／彭卫东，单宏业主编．—北京：中国农业科学技术出版社，2013.4

ISBN 978-7-5116-1259-5

Ⅰ．①农… Ⅱ．①彭…②单… Ⅲ．①秸秆-综合利用-问题解答 Ⅳ．①S38-44

中国版本图书馆CIP数据核字（2013）第067271号

责任编辑　　徐　毅　　张国锋
责任校对　　贾晓红

出 版 者　　中国农业科学技术出版社
　　　　　　北京市中关村南大街12号　邮编：100081
电　　话　　（010）82106631（编辑室）　　（010）82109702（发行部）
　　　　　　（010）82109709（读者服务部）
传　　真　　（010）82106631
网　　址　　http://www.castp.cn
经 销 者　　各地新华书店
印 刷 者　　北京华创印务有限公司
开　　本　　850mm×1 168mm　1/32
印　　张　　9
插　　页　　10
字　　数　　220千字
版　　次　　2013年6月第1版　2015年7月第3次印刷
定　　价　　30.00元

《农作物秸秆综合利用 110 问》
编写人员名单

主　　审：陈新华

主　　编：彭卫东　单宏业

副　主　编：王其传　杨　明　韩正光

其他参编人员：赵陆生　王国庆　雷恒群　殷志明

　　　　　　　张秋萍　祁红英　陈月珍　刘　春

　　　　　　　朱　艳　朱云林　钟　平　胡建明

　　　　　　　曹　军　汪献群　左　渊　徒忠阳

序

　　农作物光合作用的产物一半在籽实中，一半在秸秆里。运用科学发展观，不断深化对农作物秸秆地位及其利用的认识，是加快农业发展的重要问题。我国农业有七千多年的发展史，人们一直把秸秆看做是农业的副产品，存在重粮食利用、轻秸秆利用的传统观念。传统农业和简单再生产对秸秆的利用，仅仅是烧火做饭、饲养牲畜、盖房、取暖和肥田等。随着现代农业和现代加工技术发展，对农作物秸秆的认识应有一个转变，秸秆和籽实一样都是重要的农产品。加强农作物秸秆综合利用，对加快农业农村经济发展具有重要作用。

　　我国是粮食生产大国，也是秸秆生产大国。我国耕地和淡水资源短缺，农作物秸秆尤为珍贵。加强农作物秸秆综合利用，把各类农作物秸秆"吃干榨尽"和转化增值，是我国新阶段农业和农村经济发展的一项重大课题。近年来，农作物秸秆成为农村面源污染的新源头。每年夏收和秋冬之际，总有大量的小麦、玉米等秸秆在田间焚烧，产生了大量浓重的烟雾，不仅成为农村环境保护的瓶颈问题，甚至成为污染城市环境的源头之一。据有关统计，我国作为农业大国，每年可生成 8 亿多吨秸秆，成为"用处不大"但必须处理掉的"废弃物"。其危害表现在污染空气环境，危害人体健康。有数据表明，焚烧秸秆时，大气中二氧化硫的浓度比平时高出 1 倍，二氧化氮、可吸入颗粒物的浓度比平时高出 3 倍，相当于日均浓度的五级水平，轻则造成咳嗽、胸闷、流泪，严重时可能导致支气管炎发生；引发火灾，威胁群众的生命财产安全；引发交通事故，影响道路交通和航空安全；破坏土壤结构，造成耕地质量下降；焚烧秸秆所形成的滚滚烟雾、片片焦土，对一个地区的环境形象是最大的破坏。究其原因主要是农民对秸秆焚烧还存在认识的误区，有些农民凭多年的经验认为，焚烧后的秸秆是富含钾肥的草木灰肥料，适合中性和酸性土壤，对来年种庄稼有好处。加之秸秆处理的成本太高，农民认为不如一烧了之。更重要的原因是科技转化力度不够，秸秆的经济价值难以发挥。目前，秸秆综合利用的途径主要有机械化秸秆还田、能源化利用、过腹还田、培育食用菌、制取沼气和用作工业原料等。

高级科普师彭卫东从事三农工作 37 年，获得 40 多项全国及省市荣誉。高级农艺师单宏业多次获得国家、省市科技奖项。高级农艺师、农学博士王其传是江苏省基质研发应用专家，工程师、项目管理硕士杨明长期钻研农机化技术推广。他们先后发表各类论文 60 多篇，承接和考核评审各类科技项目 60 多项。2009年他们编撰了《水稻机插秧技术及其推广》一书，由中国农业科学技术出版社出版发行，2011 年他们主持的《水稻育秧基质及配套育秧技术推广》获江苏省农业丰收奖二等奖，获得国家专利 2 项。本书是几位再次合作探索秸秆利用途径的结晶，感谢他们与国与家与环境做了一件有益的好事。本书分 8 章，110 个问题，编者试图从开发、试验、示范推广、理论探讨、生产实践多个角度回答人们关心和关注度较高的问题，应该说本书不失为一本从事秸秆利用技术开发、生产、推广和管理者的参考书。

研究员　陈　新

二〇一三年五月

前　言

　　所谓农作物秸秆是指各类作物在获取其主要农产品（籽实或纤维等）后所剩留下来的地上部分的茎叶或藤蔓。农作物秸秆是农业生产中的一种重要有机能源。我国很早就把农作物秸秆用作燃料、肥料、饲料。农作物秸秆是世界上最丰富的可再生资源。据统计，全世界每年秸秆产量约为 29 亿吨，小麦秸秆以亚洲、欧洲和北美洲的产量为最高，稻草以亚洲最多。我国是农业大国，农作物秸秆年产量居世界之首。2009 年我国农作物秸秆理论资源量为 8.2 亿吨，从资源类型来看，水稻、玉米、小麦等作物秸秆是我国秸秆资源的主要类型，这三种秸秆合计资源量占全国秸秆资源量的 80% 左右。2009 年我国秸秆理论资源中玉米秸秆占 32.3%，稻草占 25%，小麦秸秆占 18.3%；棉秆、油料作物秸秆、豆类秸秆、薯类秸秆分别占 3.2%、4.6%、3.3% 和 2.7%。从分布区域上看，华北区和长江中下游区的秸秆资源量最为丰富，理论资源量分别为 2.33 亿吨和 1.93 亿吨，占总量的 28.45% 和 23.5%；其次为东北区、西南区和蒙新区，分别为 1.4 亿吨、8 994 万吨和 5 873 万吨，占总量 17.2%、10.97% 和 7.16%；华南区和黄土高原区的秸秆理论资源量较低，分别为 5 490 万吨和 4 404 万吨，占总量的 6.7% 和 5.37%；青藏区最低，仅 468 万吨占总量的 0.57%。去除收割留茬、收集运输损失和损耗，2009 年我国秸秆可收集资源量为 6.87 亿吨，占理论资源量的 83.79%，其中作为肥料、饲料、燃料、食用菌基料、工业原料和废弃物焚烧的数量分别为 1.02 亿吨、2.11 亿吨、1.29 亿吨、1 500 万吨、1 600万吨和2.15亿吨，分别占可收集资源量的14.78%、30.69%、18.72%、2.14%、2.37%和31.31%。

农作物秸秆是发展农村循环经济的重要物质基础。农村循环经济既是一种新的经济发展理念，也是一个新的经济增长点。在发展农村循环经济上，秸秆已经成为不可或缺的重要资源。秸秆在工业领域应用比较广泛，在燃烧发电和生产建筑材料等方面有着不可替代的功能。秸秆综合利用比较好的地区，秸秆的多功能性发挥得比较充分，产生了良好的经济、社会、生态和环境效益。秸秆青贮饲料促进了奶业的发展，秸秆氨化促进了肉牛业的发展，一些地方的秸秆发电正在规划实施，还有些地方秸秆环保建材发展迅速。秸秆在促进农业发展，繁荣农村经济，增加农民收入方面发挥着越来越重要的作用。

世界各国都普遍重视农作物秸秆的综合利用。利用的途径主要集中在能源、饲料和肥料三个方面，这是世界上秸秆资源利用的普遍趋势。与发达国家相比，我国虽然在这些领域分别开展了秸秆的开发利用，但我国秸秆综合利用水平还比较低。秸秆综合利用的政策不完善，综合利用技术研发水平落后，秸秆利用研究与推广脱节，大量宝贵的秸秆资源沉睡、废弃和流失。目前还有2亿多吨秸秆没有开发利用，已经利用的也是粗放的低水平利用。农业投入要素50%左右转化为农作物秸秆。秸秆资源的浪费，实质上是耕地、水资源和农业投入品的浪费。我国耕地资源有限，灌溉用水、化肥和农药有效利用率不足40%，我们必须改变这种状况。应该充分认识到，在现代农业技术和加工技术条件下，农作物秸秆是发展农村经济和增加农民收入的宝贵资源。加大秸秆综合利用力度，是提高农业综合生产能力的重要方面，是扩大农村就业、增加农民收入的重要途径，是改善和提高我国农业资源利用效率的重大举措，是开辟新的农业资源的重要途径。秸秆在美国的用途很广，可用作饲料、手工制品等，有的地方还用来盖房，利用提炼纤维素乙醇和开展有关生物燃料、生物能源及相关产品的研究与开发。日本秸秆几乎全利用，方式主要有两种：混入土中还为肥料，以及作为粗饲料喂养家畜。根据近年统计数据，该国每年产生的秸秆几乎被全部利用。其中，翻入土层中还田的约占68%，作为粗饲料养牛的约占10.5%，与畜粪混合作成肥料的约占7.5%，制成畜栏用草垫的约占4.7%，只有一小部分难以处理的秸秆被就地燃烧。目前，日本正在积极挖掘秸秆的燃料转化潜力。

近年来，我国秸秆资源化技术呈现多元化发展。农作物秸秆主要的利用方式有还田肥料（直接还田、有机肥料），农村能源（汽化、燃烧），牲畜饲料（直接饲喂、处理后作肥料），工业原料（造纸原料、培养食用菌）等，现阶段如何科学开发和综合利用必须坚持疏堵结合，以疏为主。因地制宜，突出重点。依靠科技，强化支撑。政策扶持，公众参与。主要目标就是要使秸秆资源得到综合利用，解决由于秸秆废弃和违规焚烧带来的资源浪费和环境污染问题。力争到2015年，基本建立秸秆收集体系，基本形成布局合理、多元利用的秸秆综合利用产业化格局，秸秆综合利用率超过80%。

当前，我们要加快建设秸秆收集体系、大力推进种（养）植业综合利用秸秆、有序发展以秸秆为原料的生物质能、积极发展以秸秆为原料的加工业。要把农作物秸秆综合利用作为重要切入点，从发展秸秆经济上取得突破，以提高农业资源利用效率，促进农村经济发展和农民增收。一是发展秸秆发电。农作物秸秆发电既可以缓解农村能源紧张，又有利于保护生态和资源。农作物秸秆是一种很好的清洁可再生能源。利用秸秆发电技术已在北欧得到较广泛应用。二是发展秸秆饲料。秸秆作饲料实际上是依托畜牧业发展农村循环经济的重要一环。秸秆作饲料主要是秸秆青贮、秸秆氨化盐化、秸秆机械加工和发展全混合饲料，可以有效提高奶牛产奶量和质量，降低饲料和劳力成本，提高养殖效益。三是发展秸秆建材。农作物秸秆经过工艺处理和深加工，可以制成质量轻、实用美观的建筑材料，可以在许多方面替代木材，减少木材消耗，加强生态建设和保护环境。四是发展秸秆沼气。利用农作物秸秆直接制备沼气，或者利用秸秆饲喂畜禽，然后利用畜禽粪污制备沼气，可以缓解一些农村地区的能源紧张状况。五是发展秸秆食用菌。农作物秸秆是良好的食用菌基料，搭配必要的培养基就可以生产食用菌。产菌后的剩余物还可以直接用作肥料。六是发展秸秆肥料。用秸秆还田机将秸秆打碎，再用犁将粉碎的秸秆翻入土层。联合收割机收获小麦、水稻时，则可边收割、边脱粒、边将秸秆切碎撒在田间，实行保护性耕作，增加土壤有机质。从秸秆的综合利用途径看，秸秆已经成为发展农村循环经济的重要资源。当前，我国农村产业发展缓慢，农民就业门路狭窄，农民增收渠道单一，充分利用各类农作物秸秆资源，可以补粮食、补地力、补效益、补就业，实现粮食秸秆并举、以秸秆带动产业、以产业提高效益、以效益促进增收，加快农业农村经济发展。加强农作物秸秆综合利用，必须努力实现"四个转变"：在思想认识上，实现秸秆从传统农业副产品向重要农产品的转变；在利用方式上，实现秸秆从简单利用向综合利用的转变；在利用机制上，实现秸秆从自给自足利用向商品化利用的转变；在管理办法上，实现秸秆从粗放管理向加强科学管理的转变。面对耕地少、水源缺、人口多的国情，面对加强生态建设和实现农业可持续发展的压力，我们要根据科学发展观的要求，树立大农产品观念，高度重视农作物秸秆综合利用。

本书分为 8 章 110 个问题，编者从目前我国农作物秸秆利用现状出发，立足综合利用的实际，关注多种途径的探索实践。介绍部分成功实例和成熟技术，力求读者从中受益并取得生产实践的实效。本书面向多个层次的读者，注重实际应用，既面向政府公务人员，为政府决策提供参考，又面向生产经营企业，为产业化利用秸秆提供依据，既面向采集加工者，为其高效运作提供帮助，又面向生产大户和农村经济合作组织，为其合理利用资源提供咨询，最根本的目的是为科学、合理、经济、有效地利用我国秸秆资源发挥助推作用。

编　者

二〇一三年五月

目　　录

一、秸秆基本知识

1. 农作物秸秆的主要结构有哪些？

水稻、小麦、玉米、高粱等禾本科作物的植株由根、茎、叶、花和籽实等器官组成，茎、叶是秸秆的主要组成部分。

（1）茎

禾本科作物的茎呈圆筒状，茎中有髓或有空腔。茎可分为若干节，节与节之间的部分叫节段，每节间的坚硬圆实部分称之（叶）节。节段的数目随不同种或作物品种而不同，水稻和小麦的茎秆比较细软，地上部分有 5 ~ 6 节，节间中空，曲折度大，有弹性。玉米、高粱和甘蔗的茎为实心，茎高大，地上部分节数有 17 ~ 18 节，节间粗、坚硬、不易折断。玉米植株顶端有雄穗，植株中间有雌穗，穗外有苞叶，苞叶包着生在轴蕊上的籽粒。

禾本科作物茎的节间横切面上有 3 种系统：表皮系统、基本系统和维管系统。禾本科作物表皮只有初生结构，一般为一层细胞，通常角质化或硅质化，以防止水分的过度蒸发和病菌侵入，并对内部其他组织起保护作用。各种器官中数量最多的组织是薄壁组织，也叫基本组织，它是光合作用、养分贮藏、分化等主要生命活动的场所，是作物组成的基础。维管束都埋藏贯穿在薄壁组织内。在韧皮部、木质部等复合组织中，薄壁组织起着联系作用。

在维管系统中，除薄壁组织外，主要有木质部和韧皮部，两者相互结合。禾本科作物维管束中木质部、韧皮部的排列多属于外韧维管束。小麦、大麦、水稻、黑麦、燕麦茎中维管束排成 2 圈，较小的一圈靠近外围，较大一圈插入茎中。玉米、高粱、甘蔗茎中的维管束则分散于整个横切面中。木质部的功能是把茎部吸收的水和无机盐，经茎输送到叶和植株的其他部分。韧皮部则把叶中合成的有机物质（如碳水化合物和氮化物）输送到植株的其他部分。

（2）叶

禾本科作物的叶分为叶鞘和叶片两部分。叶鞘包在茎的四周，有支持茎和保护茎的作用。叶鞘基部膨大的部分叫叶节。禾本科作物的叶上有的有叶耳、叶舌，有的则没有。例如，高粱有叶舌而无叶耳，水稻有叶舌、叶耳，稗草则无叶舌、叶耳。

叶是进行光合作用的主要器官。叶的组织与茎的组织相同，分为表皮系统、基本系统和维管系统。表皮在叶的最外层，维管组织则分布在基本组织之中。

叶的表皮结构比较复杂，有泡状细胞（即运动细胞）、附属毛、似纤维的细胞。表皮细胞有长细胞、短细胞。短细胞又分为硅质细胞、栓质细胞，前者充满硅质体，后者细胞壁木栓化。表皮上下面还有气孔。表皮可以保护叶肉组织，防止水分蒸散，有机械支持叶的作用。表皮细胞质有硅质，细胞外壁有角质层，这是禾本科作物的特点。

叶肉是由表皮下团块状薄壁组织细胞所组成。叶肉组织中含有大量叶绿体，因此这些起同化作用的器官为绿色。进行光合作用时，叶绿体内有聚集淀粉的作用。

叶脉是维管束。禾本科作物为平行脉，叶上纵行的平行脉之间还有横行的小维管束将平行脉连接起来。禾本科作物的叶脉有维管束鞘。维管束鞘有两种：一种为薄壁型，含有叶绿体；另一种壁较厚，无叶绿体。小麦有内外两层维管束鞘。玉米、高粱维管束鞘的叶绿体特别大，在光合作用时，叶内可形成较多的淀粉。

2. 农作物秸秆的基本组成有哪些？

秸秆主要是由纤维素、半纤维素和木质素三部分组成。纤维素结构非常稳定，一般情况下，很难被动物吸收利用，纤维素是一种葡聚糖，它构成秸秆细胞壁的基本结构，是由右旋脱水葡萄糖缩合而成，各葡萄糖单元间以 β-1，4-葡萄糖苷键结合而成线性纤维分子，每个纤维分子由 800～1 200个葡萄糖分子组成，分子量一般为 60 万～150 万。在植物细胞次生壁中，纤维分子和其他细胞壁成分结合成细长的束状结构——微纤维，许多微纤维结合在一起而形成微纤维束，各微纤维束中的纤维分子间通过氢键从侧面连接，形成整齐有序、平行排列的植物纤维。而有些微纤维束则能够与半纤维素和木质素相结合形成牢固的纤维镶嵌结构，纤维素不溶于水、稀酸和稀碱，而溶于浓酸。

半纤维素成分比较复杂，是由很多种不同的糖及其衍生物缩合而成，其结构单元主要有木糖、阿拉伯糖、葡萄糖、甘露糖、半乳糖以及它们的衍生物。来源于不同植物的半纤维素的构成中，各种糖单元的比例是不同的，但在秸秆半纤维素中存在最广泛的组分是木糖，木糖间以 β-1，4-糖苷键相连接，具有很多的分支，各类半纤维素的差异往往是由于分支链上的糖单元不同而引起的，在禾本科植物的半纤维素中，在其木聚糖的分支链上多以阿拉伯糖分支占主体，同时也少量存在半乳糖和葡萄糖分支，木聚糖分子间又可以通过酯键或醚键相连接，形成各种不同类型的高分子衍生物。在植物体中，半纤维素还可以与纤维素、木质素、果胶质、蛋白质等很多高分子化合物相交联，形成稳定而复杂的植物半纤维素类成分。半纤维素在植物体内的作用，一方面起到支架和骨干的作用，另一方面与淀粉一样起到储存碳水化合物的作用。它对化合物的降解抵抗力比纤维素弱，在温和的碱液中如4%氢氧化钠溶液中即可溶解；在温和的酸液中也易溶解。

木质素的结构单元是松柏醇、香豆醇和芥子酸等化合物。木质素中各结构单元的组成比例因来源不同而有很大差异，其中松柏醇是各种木质素中最常见的结构单元。木质素分子结构中各单元间主要是以 C—C 键和 C—O—C 键两种共价形式连接的。木质素机械程度很高，有天然塑料之称，在秸秆中，木质素还能与纤维素、半纤维素、碳水化合物等相结合，形成更复杂的高级结构，给予细胞壁化学的和生物学的抵抗力，并使植物体具有机械力。木质素对化学降解具有很大阻力。浓硫酸、盐酸不能使它分解，但强碱溶液可以使它分解。

纤维素是细胞壁的主要成分，在纤维素的周围充填着半纤维素和木质素，阻碍了纤维素酶同纤维素分子的直接接触。

主要农作物秸秆的原料组成见表1－1。

表1－1　主要农作物秸秆中纤维素、半纤维素、木质素含量

（单位:%）

秸秆种类	纤维素	半纤维素	木质素
稻谷	32.0	24.0	12.5
小麦	30.5	23.5	18.0
玉米	34.0	37.5	22.0
大豆	33.0	18.5	—

3. 秸秆资源的评价指标有哪些？

由于缺乏统计资料与评价方法不同，目前，各地对生物质资源产量和分布的估计并不准确，误差较大，这将影响生物质资源的开发利用。因此，需要了解生物质资源状况。农业生物质资源评价的通用方法主要包括生物质资源的评价指标和评价方法等内

容。秸秆资源的评价指标包括以下几项。

（1）资源总产量

是指某一地区某种农业生物质资源的总产量。因为生物质资源分布的比较分散，并与当地的自然条件、生产情况有关，统计起来比较困难，可以根据相关资料进行估算。

（2）可收集资源量

考虑到收集过程中的损耗，可收集资源量与估算的产量并不相同，通常选取一个收集系数（η）进行计算，即：可收集资源量＝资源产量×收集系数。在缺乏资料的情况下，农作物秸秆收集系数通常取 0.85。

（3）可供应资源量

农作物秸秆作为肥料必须要有一部分直接还田或过腹还田，满足土壤肥力需求；此外，农作物秸秆还可作为饲料、造纸等工业原料加以利用。因此，可供应资源量少于可收集资源量，这与各地实际利用情况有关。

（4）单位面积资源量

因为农业生物质资源通常均匀分布在某个区域，如果我们考虑国土面积，则单位面积资源量高的地区，从资源分布密度的角度来看，其生物质资源化利用的经济性要好。单位面积资源量等于某地的资源量除以其国土面积。

（5）成本

生物质资源成本由收集成本与运输成本组成。收集成本指生物质收集过程中发生的费用，包括收集、现场装卸、临时贮藏以及短途运输等费用。由于具体计算较为困难，可采用机会成本进行替代。机会成本是指生物质资源用于能源用途，同时丧失了用于其他使用方式所能带来的潜在收入。农作物秸秆作为燃料的价格可以作为其机会成本。运输成本是指生物质资源从临时贮藏点运输至使用地点的费用，每吨生物质资源的运输成本与运输距离成正比。

4. 秸秆资源的评价方法有哪些?

首先进行方案调查、实地调查以及问卷调查,然后对所收集的数据进行编辑、组织、分类与计算,使调查的资料成为可供分析、预测的信息。

具体调查的内容应包括:当地的自然资源、经济发展状况、城镇村落分布、劳动力成本等;农业与土地利用,包括耕地面积、作物种类及产量和草谷比;当地农产品加工业情况,包括分布、产量等。

每年秸秆产生的数量取决于当地气候条件、土壤条件和采用的农业技术,差异非常大。一般根据农作物产量和各种农作物的草谷比,大致估算出各种农作物秸秆的产量,即农作物秸秆产量 = 农作物产量 × 草谷比。而农作物产量又等于播种面积乘以单位面积产量。我国不同地区常见农作物的草谷比见表 1 - 2。

表 1 - 2　我国不同地区常见农作物的草谷比

地区	小麦	水稻	玉米	棉花	油菜
北京	1.1236	0.9804	1.5873	3.4483	1.4925
天津	1.1236	0.9804	1.5873	3.4483	1.4925
河北	1.1236	0.9804	1.5873	3.4483	1.4925
山西	1.5152	0.9804	1.2346	3.4483	1.4925
内蒙古	1.5873	0.9091	1.3514	3.4483	1.4925
山东	1.3514	0.9804	1.0101	3.4483	1.4925
河南	1.3333	0.9709	1.1494	3.4483	1.4925
辽宁	1.5873	0.9091	1.3514	3.4483	1.4925
吉林	1.5873	0.9091	1.3514	3.4483	1.4925
黑龙江	1.5873	0.9091	1.2048	3.4483	1.4925
上海	1.0526	1.0417	1.0101	3.4483	2.7401

（续表）

地区	小麦	水稻	玉米	棉花	油菜
江苏	1.0526	1.0417	1.0101	3.4483	2.7401
浙江	1.0753	0.885	1.0101	3.4483	2.7401
安徽	1.0526	1.0417	1.0101	3.4483	2.7401
福建	1.0753	0.885	1.0101	3.4483	2.7401
江西	1.3333	0.9709	1.1494	3.4483	2.7401
湖北	1.3333	0.9709	1.1494	3.4483	2.7401
湖南	1.3333	0.8264	1.1494	3.4483	2.7401
广东	1.3333	0.9709	1.1494	3.4483	2.7401
广西	1.3333	1.0309	1.1494	3.4483	2.7401
海南	1.3333	0.9709	1.1494	3.4483	2.7401
四川	1.1628	0.8547	0.9524	3.4483	2.7401
贵州	1.2658	0.8333	1.2658	3.4483	2.7401
云南	1.5385	1.2500	1.1905	3.4483	2.7401
陕西	1.4085	0.9804	1.4286	3.4483	2.7401
甘肃	1.3514	1.3514	1.2821	2.1800	1.4925
青海	1.3514	1.3514	1.2821	2.1800	1.4925
宁夏	1.3514	1.3514	1.2821	2.1800	1.4925
新疆	1.3514	1.3514	1.2821	2.1800	1.4925
合计	1.2802	0.9515	1.2472	3.1361	2.2122

5. 我国主要农作物秸秆的产量与分布如何？

我国是一个农业大国，地域辽阔，土地总面积居世界第三位。但人均土地面积仅有 11.65 亩（1 亩 = 666.7 米^2），相当于世界平均数的 1/3，人均耕地 1.59 亩，只相当于世界平均水平的 44%。人口多、人均土地占有量和人均耕地占有量少、耕地后备资源不足，是我国土地资源的基本国情。见表 1 - 3。

表 1 - 3   我国土地的基本国情

类型	面积/千公顷	占全国土地面积比例/%
耕地	130 040	13.54
森林	158 940	15.56
内陆水域面积	17470	1.82
草地	400 000	41.67
可利用草地	313 330	32.64
其他	253 550	26.41

我国农村作物种植生态区多样而复杂，东西海拔差距悬殊，南北温差大，季节及气候早晚差异大。南方地区水域多、气温高、适合水稻、甘蔗和油料等农作物的生长；北方地区四季温差大，适合玉米、豆类和薯类等农作物的生长；小麦可在我国各地区普遍种植，但播种面积以华中、华东地区最多；棉花产地近年来逐步集中在新疆和西北地区。我国农作物总播种面积见表 1 - 4，我国各种农作物产量见表 1 - 5，我国主要农作物秸秆产量见表 1 - 6。

表 1 - 4   我国农作物总播种面积   单位：千公顷

年份	稻谷	小麦	玉米	豆类	薯类	油料	棉花	糖料
1980	33 879	29 228	20 353	—	10 153	7 928	4 920	922
1985	32 070	29 218	17 694	—	8 572	11 800	5 141	1 524
1990	33 064	30 753	21 401	—	9 121	10 900	5 588	1 679
1995	30 744	28 860	22 776	11 232	9 519	13 101	5 422	1 820
2000	29 962	26 653	23 056	11 190	10 538	15 400	4 041	1 514
2001	28 812	24 664	24 282	12 660	10 217	14 631	4 810	1 654
2002	28 202	23 908	24 634	12 543	9 881	14 766	4 184	1 818
2003	26 508	21 997	24 068	12 898	9 702	14 990	5 111	1 657
2004	28 379	21 626	25 446	12 799	9 457	14 431	5 693	1 568
2005	28 847	22 793	26 358	12 901	9 503	14 318	5 062	1 564
2006	29 295	22 961	26 971	12 434	9 929	13 736	5 409	1 782

表1-5　我国各种农作物产量　　　　　单位：万吨

年份	稻谷	小麦	玉米	豆类	薯类	油料	棉花	糖料
1980	13 991.0	5 521.0	6 260.0	—	2 873.0	769.1	270.7	280.7
1985	16 857.0	8 581.0	6 383.0	—	2 604.0	1 578.4	414.7	5 154.9
1990	18 933.0	9 823.0	9 682.0	—	2 743.0	1 613.2	450.8	5 762.0
1995	18 522.6	10 220.7	11 198.6	1 787.5	3 262.6	2 250.3	476.8	6 541.7
2000	18 790.8	9 963.6	10 600.0	2 010.0	3 685.2	2 954.8	441.7	6 828.0
2001	17 758.0	9 387.3	11 408.8	2 052.8	3 563.1	2 864.9	532.4	7 566.3
2002	17 453.9	9 029.0	12 130.8	2 241.2	3 665.9	2 897.2	491.6	9 010.7
2003	16 065.6	8 648.8	11 583.0	2 127.5	3 513.3	2 811.0	486.0	9 023.5
2004	17 908.8	9 195.2	13 028.7	2 232.1	3 557.7	3 065.9	632.4	8 984.9
2005	18 058.8	9 744.5	13 936.5	2 157.7	3 468.5	3 077.1	571.4	8 663.8
2006	18 257.2	10 446.7	14 548.2	2 104.5	3 406.1	3 059.4	674.6	9 978.4

表1-6　2006年我国主要农作物秸秆产量　　　　　单位：万吨

农作物	产量	草谷比	秸秆量	折标煤系数	折标煤量
稻谷	18 257.2	0.623	11 374.2	0.429	4 879.5
小麦	10 446.7	1.366	14 270.2	0.500	7 135.1
玉米	14 548.2	2.000	29 096.4	0.529	15 392.0
豆类	2 104.5	1.500	3 156.8	0.543	1 714.1
薯类	3 406.1	0.500	1 703.1	0.486	827.7
油料	3 059.4	2.000	6 118.8	0.529	3 236.8
棉花	674.6	3.000	2 023.8	0.543	1 098.9
合计	52 496.7		67 743.2		34 284.2

9

6. 我国农作物秸秆产量分布特点有哪些?

我国是一个农业大国, 2006 年主要农产品产量为 5.25 亿吨, 按草谷比计算秸秆产量约为 6.77 亿吨。其中, 我国农作物秸秆主要集中分布在河北、内蒙古、辽宁、吉林、黑龙江、江苏、河南、山东、湖北、湖南、江西、安徽、四川、云南等粮食主产区。

① 中国的主要农作物秸秆为玉米、小麦和稻谷, 2006 年分别占农作秸秆总资源量的 42.95%、21.07% 和 16.79%（见图 1 - 1）。

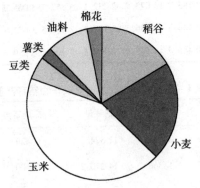

图 1 - 1　2006 年中国不同农作物秸秆资源量分布图

② 如果依据秸秆资源量的不同而对省份进行分类（表 1 - 7）, 可以发现中国秸秆资源量最高的地区为山东和河南, 年产秸秆均超过 5 000 万吨; 其次为河北和四川, 年产量超过 3 000 万吨; 吉林、黑龙江、江苏、安徽、湖北和湖南等地区农作物秸秆年产量均超过 2 100 万吨。

表 1 - 7　按秸秆资源量进行分类

秸秆资源量/ （万吨/年）	省　份
40 ~ 1 090	北京、天津、上海、浙江、福建、海南、西藏、甘肃、青海、宁夏
1 090 ~ 2 140	山西、内蒙古、辽宁、江西、广东、广西、重庆、贵州、云南、陕西、新疆
2 140 ~ 3 190	吉林、黑龙江、江苏、安徽、湖北、湖南
3 190 ~ 4 240	河北、四川
4 240 ~ 5 300	山东、河南

　　③ 如果考虑国土面积，则单位国土面积秸秆资源量高的省份依次为山东、河南、江苏、安徽、河北、上海、吉林、湖北等。山东省单位国土面积秸秆资源量最高，为 330.26 吨/千米^2；河南省次之，单位国土面积秸秆资源量为 305.68 吨/千米^2；新疆单位国土面积秸秆资源量很低，为 9.34 吨/千米^2；除西藏外，青海省的单位国土面积秸秆的总产量则最低，约为 1.84 吨/千米^2，与山东相差几百倍。因此，从资源分布密度的角度来看，山东省农作物秸秆资源化利用的经济性要明显好于青海省。

　　④ 中国农作物秸秆资源量与粮食产量是密切相关的。数据表明，自 1978 年起中国在 20 世纪 90 年代中期粮食生产能力达到了 5 亿吨的水平，秸秆资源量则逐年上升，至 1999 年达到顶峰，为 6.18 亿吨。后几年，粮食持续减产，在 2003 年粮食产量已经下降到 4.5 亿吨以内，秸秆量也随着小麦、玉米、稻米三大主要粮食产量的下降而下降。但在 2000 ~ 2003 年期间基本保持平衡，虽然有较大的波动，但并没有发生较大的变化。2003 ~ 2012 年全国粮食产量实现九连增，秸秆产量也有相应增加。

11

7. 我国可利用的农产品加工废弃物有多少?

农产品加工业是通过各种工程措施将农业生产出的原料如粮、油、果、蔬、肉、蛋、奶、水产品、棉、麻、糖、烟、茶等加工成人们吃、穿、用的成品或半成品。农作物收获后进行加工时也会产生副产品,如稻壳、玉米芯、花生壳、甘蔗渣和棉籽壳等。这些农业废弃物由于产地相对集中,主要来源于粮食加工厂、食品加工厂、制糖厂和酿酒厂等,数量巨大,容易收集处理,可作为燃料直接燃烧使用,也是我国农村传统的生活用能。

稻壳是稻米加工过程中数量最大的副产品,与粮食生产密切相关,约占稻谷质量的 20% 以上。2005 年,我国稻谷产量为18 059.2万吨,加工后产生的稻壳产量约为 5 417.8万吨。稻壳可燃物达 70% 以上,热值为 12 560~14 650 千焦/千克。稻壳是一种既方便又廉价的能源,特别是在碾米厂,获得能源的同时又处理了稻壳。

甘蔗渣是蔗糖加工业的主要废弃物之一,甘蔗渣与蔗糖的比例为 1:1。我国甘蔗的主产区为广东、广西、台湾、福建、云南和四川等地,2001 年我国的甘蔗产量为 8 663.8万吨,剩余的甘蔗渣的产量约为 8 664万吨。甘蔗渣的热值为 8 039 千焦/千克。目前,我国的甘蔗渣除少量用于造纸、制造纤维板、木糖和糖醛外,绝大多数用作制糖厂锅炉燃料。

玉米芯是将玉米穗剥去玉米粒的轴穗,占玉米穗质量的75%~85%。我国玉米的主产区是辽宁、吉林、黑龙江、河北、山东、四川等地,2005 年我国玉米产量为 13 936.5万吨,玉米芯产量约 6 968.3万吨。玉米芯的平均热值为 14 400 千焦/千克,主要作为燃料使用。

花生壳是花生初加工的剩余物,不同种类花生的花生壳含量是不同的，一般情况下占总质量的 35%。我国花生的主产区是山东、四川、广东、广西、江苏、河北、辽宁和台湾等地区。花生壳燃烧的平均热值为 19 200 千焦/千克，除少部分作为黏结剂原料外，绝大多数作为燃料使用。

8. 农作物秸秆收集有哪些特点？

① 堆积密度小，要求贮藏空间大。

② 收获期短，尤其是对于两季种植的地区，需要及时收集，以便翻整耕地，一般仅有 20 天左右的时间。

③ 分布广散，由于我国的农村制度，秸秆等生物质原料分布广且分散，不容易收集。

④ 易霉变和引发火灾。

9. 农作物秸秆收集有哪些模式？

(1) 分散贮藏收集模式

为了减少对成型燃料厂的建设投资，厂区储存秸秆的库房及场地不宜设置过大。大部分的秸秆原料应由农户分散收集、分散存放。应该充分利用经济杠杆的作用，将秸秆原料折合为成型燃料价格的一部分，或者采用按比例交换的方式，鼓励成型燃料用户主动收集作物秸秆等生物质原料。例如可按农户每天使用的成型燃料量估算出全年使用总量，按原料单位产成型燃料量折算出该农户全年的秸秆使用量，然后根据燃料厂对原料的产量和品种要求，让农户分阶段定量向燃料厂提供秸秆等生物质原料。分散贮藏收集模式的主要优点是：

① 减小了燃料厂对生产原料储存库房和场地的投资。

② 因为农户向燃料厂提供的农作物秸秆等生物质原料，可

以按比例交换，相应降低了燃料价格。

③ 分散贮藏作物秸秆可减少火灾发生的可能性。

此种收集模式存在的问题是，农户自己贮存秸秆等生物质原料，会造成在农村居住区内无序堆放，不便于统一管理，影响成型燃料生产规模扩大和产业化发展。

（2）集中贮藏收集模式

集中贮藏模式需要成型燃料厂具有较大的贮藏空间。燃料厂将从农户收集来的秸秆等生物质原料集中储存在库房或码垛堆放在露天场地。要求对原料分类别及按工序堆放整齐，并能防雨、雪、风的侵害；为保证成型加工设备的生产效率和使用寿命，原料中不允许有碎石、铁屑、沙土等杂质，无霉变，含水量要小于18％；还必须在原料场周边禁止烟火。要设置安全员，定时巡查原料场，及时消除火灾隐患，保持原料场消防车道的畅通和工具完备有效。

在农作物收获时节，农业生产的废物，如稻草、麦秸及棉秆等秸秆可以使用打捆机进行收集和处理。打捆机自动完成小麦、牧草等作物秸秆的检查、压捆、捆扎和放捆一系列作业，可与多种型号的拖拉机配套，适应各种地域条件作业。

草捆的形状和尺寸一般可分为方捆（包括高密度的小草捆和大草捆），圆捆（使用圆捆机）和密实型草捆，草捆的尺寸和密度依赖于所使用的打捆机。圆捆机的结构相对简单，体积较小，操作维修简单。但由于采用间歇作业，打捆时停止捡拾，生产效率低；捆扎的圆捆密度低，运输和储存比较方便，捡拾幅宽过小，约80厘米，如果在大型联合收获机收获后进行打捆作业，容易出现断绳现象。方捆机由于所打的草捆密度比圆捆高，运输和储存比较方便，可连续作业，效率较高。但其结构复杂，制造成本高。密实型草捆正处于研究阶段，没有投入实际的应用，不同种类草捆的技术参数见表 1 - 8。

表1-8 不同种类草捆的技术参数

参数	方捆（小）	圆捆	方捆（大）	密实型
消耗功率/千瓦	>25	>30	>60	>70
产量/（吨/小时）	8~20	15~20	15~20	14
形状	长方体	圆柱体	长方体	圆柱体
密度/（千克/米³）	120	110	150	300
堆积密度（千克/米³）	120	85	150	270
外形尺寸/厘米	40×50×(50~120)	φ(120~200)×(120~170)	(120×130)×(120~250)	φ25~40任意长度
质量/千克	8~25	300~500	500~600	

10. 农作物秸秆综合利用的意义有哪些？

农作物秸秆作为重要的生物质资源，总能量基本和玉米淀粉的总能量相当。秸秆燃烧值约为标准煤的50%，秸秆蛋白质含量约为5%，纤维素含量在30%左右，还含有一定量的钙、磷等矿物质，1吨普通秸秆的营养价值与0.25吨粮食的营养价值相当。专家测算，每生产1吨玉米可产2吨秸秆，每生产1吨水稻和小麦可产1吨秸秆。

江苏省是我国农业大省，主要农作物有水稻、小麦、玉米和油菜等，种植制度以稻麦（油）两熟制为主，农作物秸秆资源丰富。按每年可产农作物秸秆3 700万吨计算，如全部用来燃烧，可折合约1 800万吨标准煤的热值；如全部用作饲料，折算相当于近600万吨粮食。经过科学处理，秸秆的营养价值还可大幅度提高。秸秆蕴藏着丰富的能量，含有大量的营养物质，开发利用潜力巨大，发展前景十分广阔。

世界各国普遍重视农作物秸秆的综合利用，利用的途径主要集中在肥料、饲料和能源三个方面，这是世界上秸秆资源利用的普遍趋势。

国外农作物秸秆的综合利用主要是围绕着生态农业的发展而展开的。由于生态农业不仅可以充分利用自然资源，有效提高农业生产力，而且可以保护农业生态环境，促进良性循环的形成，一些发达国家进行了相关的理论研究和实践试验。在美国有 2 万多个生态农场遍布全国各地，在实践中采用的主要技术措施有：应用现代农业机械技术、作物新品种、水土保持技术以及先进的有机废弃物和作物秸秆的利用技术。在美国，秸秆还田十分普遍，不但小麦、玉米等秸秆大量还田，而且大豆、番茄等秸秆也尽量还田。据美国农业部门统计，美国年产作物秸秆 4.5 亿吨，占整个美国有机废弃物生产量的 70.4%，秸秆还田量占秸秆生产量的 68%（USDA，1978）。这是一项了不起的成就，对于保持美国的土壤结构与肥力起着十分重要的作用。

我国自古以农立国，历史上就有着许多优良传统和生产经验。千百年来，我国农民在生产实践中始终强调土地的用养结合，强调"天地人合一"，强调人和人自然结合。与发达国家相比，我国虽然在这些领域分别开展了秸秆的开发利用，但我国秸秆综合利用水平还比较低，我们必须改变这种状况。应该充分认识到，在现代农业技术和加工技术条件下，农作物秸秆是发展农村循环经济的重要物质基础。农作物秸秆综合利用是保护生态环境、实现农业可持续发展的需要，是发展农村经济和增加农民收入的宝贵资源。加大秸秆综合利用力度，是提高农业综合生产能力的重要方面，是扩大农村就业、增加农民收入的重要途径，是改善和提高我国农业资源利用效率的重大举措，是开辟新的农业资源和拓宽农业经营领域的战略选择。

11. 农作物秸秆综合利用的途径有哪些？

现阶段中国农作物秸秆资源的主要利用途径是肥料、饲料、燃料和工业原料。作为肥料的利用方式主要是秸秆还田；作为饲料的利用方式主要是作为草食家畜的粗饲料；作为燃料的利用方式主要包括传统的秸秆直燃以及秸秆汽化、致密成型技术及秸秆发电等新的能源利用途径；作为工业原料的利用方式包括造纸、建材、轻工原料及秸秆基质培养食用菌等。目前，秸秆用作饲料和农村生活用能的比重较大，工业原料所占比例较小。

（1）秸秆还田利用

秸秆还田是目前主要的利用方法之一，1993 年我国秸秆粉碎还田的面积达到 491 万公顷。秸秆还田的方法分为秸秆直接还田技术、秸秆间接还田技术和秸秆生化腐熟快速还田技术。

秸秆直接还田的方式比较方便、快速，可大大减少用工，且还田数量较多。所以，近几年采用直接还田的方式比较普遍。直接还田又分为高茬还田、覆盖免耕还田、粉碎翻压还田等方式。

间接还田技术又分为高温堆沤还田、过腹还田、沼渣还田等方式。其中，过腹还田是一种综合效益较高的秸秆利用生产技术模式。

秸秆生化腐熟快速还田技术包括催腐堆肥技术、酵菌堆肥技术等。秸秆生化腐熟技术具有机械自动化程度高、易实现产业化；腐熟周期短、产量高；采用好氧发酵，环境污染小；肥效高且稳定等特点。

目前，经过对秸秆还田技术和配套操作规程研究，秸秆直接还田在我国已有一定面积的推广应用。在"八五"期间，秸秆直接还田技术规程研究取得了重要突破，已经制定出包括华北、西南、长江中游区、江苏水旱轮作区和浙江三熟制种植区的麦秸、玉米秸、稻草直接翻压还田的技术规程，包括还田方式、秸秆数量、施氮量、土壤水分、粉碎程度、还田时间及防治病虫害、防治杂草等方面，概括起来主要是养分效应、改良土壤效应和农田环境优化效应三个方面。实践证明，秸秆还田后，土壤活性有机质也有一定增加，对改善土壤结构有重要作用。秸秆覆盖和翻压对土壤有良好的保墒作用并可抑制杂草生长。实践证明，秸秆还田能有效增加土壤的有机质含量，改良土壤，培肥地力，特别是对解决我国氮、磷、钾比例失调的矛盾，补充磷、钾化肥不足有十分重要的意义。

但应该指出的是，秸秆还田不当也会带来不良后果。我国的国情是人均占有耕地面积小，机械化程度较低，耕地复种指数高，倒茬时间短，加之秸秆碳氮比（C/N）值高，给秸秆还田带来困难。如果还田数量过大、粉碎程度不高、土壤水分不够、施氮肥不够、翻压质量不好等，则秸秆不能充分腐解，出现妨碍耕作、影响出苗、烧苗、病虫害增加等现象，严重的还会造成减产。另外，秸秆中 C/N 值较高，一般在 60 ~ 80，使秸秆在土壤中分解缓慢，微生物与作物争氮，影响苗期生长，进而影响后期产量。因此，秸秆还田要配施一定量的氮、磷化肥，降低 C/N 值，提高作物产量。

另外，秸秆直接还田虽能避免焚烧对大气造成的影响，但是会存在着另外的环境污染，即产生大量还原性气体，它们是破坏臭氧层、造成温室效应的祸害。同时，使一些金属离子处于还原状态，容易造成对农作物的毒害。要解决此问题，可以配合施用特制的微生物制剂，也可以将秸秆先进行腐解制成有机肥，然后再施入土壤。

为了利用好秸秆资源，减少环境污染，克服秸秆还田的盲目性，使农民在秸秆还田时有章可循，提高秸秆还田效益，推动秸秆还田发展，研究各地秸秆还田的适宜条件，制定秸秆还田技术规程是十分重要和必要的。

（2）秸秆饲料化利用

随着生产技术的发展、人民生活水平的提高，人们要求有更多的动物食品，而畜牧业的发展又受饲料的制约。目前，我国人均粮食占有量不足 400 千克，难于拿出更多的粮食满足畜牧业发展的需要，必须扩大饲料来源，开发新的饲料资源，提高饲料质量和饲料效率。我国政府对提高农作物秸秆饲用价值的研究和推广工作十分重视。国务院则将综合利用农作物秸秆"过腹还田"列为我国"九五"农业发展纲要；早在 1989 年，农业部就将氨化秸秆技术列为重点推广的 10 项实用技术之一；秸秆综合利用技术也是国家"十五"重点推广的 50 项技术之一。自 20 世纪 90 年代以来，党和国家领导人多次强调重视农作物秸秆综合利用价值，强调秸秆养畜是实行农牧结合、推动粮食生产和畜牧业同步发展的重要措施，也是保护生态、促进农业可持续发展的有效途径。

农作物秸秆自古以来就是一种畜用饲料，但未经加工处理的农作物秸秆只是一种非常规的粗饲料。秸秆作为饲料的影响因素主要是纤维含量高，粗蛋白质和矿物质含量低，并缺乏动物生长所必需的维生素和矿物元素，能量值很低。秸秆中含量较高的粗纤维（占秸秆干物质的 20%～50%），限制了胃中的微生物和消化酶对细胞壁内容物的消化作用，导致秸秆适口性和营养性差，无法被动物高效地吸收利用。因此，开发和利用秸秆饲料资源，提高其利用率和营养价值势在必行。

在实践中，秸秆饲料的加工调制方法一般可分为物理处理、化学处理和生物处理三种。这些处理方法各有其优缺点。如切段、粉碎、膨化、蒸煮、压块等物理方法虽简单易行、容易推广，但一般情况不能增加饲料的营养价值。化学处理范围狭窄、推广费用较高。生物处理法可以提高秸秆的营养价值，但技术要求较高，处理不好，容易造成腐烂变质。

（3）秸秆能源化利用

根据农作物秸秆转换利用的技术过程，农作物秸秆作为能源的利用方式可以分为三类。一是直接燃烧，其主要目的是为了获取热量。秸秆直接燃烧可以分为传统方式和现代方式。现代方式包括秸秆加工成成型燃料、与煤混合燃烧和秸秆高效燃烧发电等。二是将农作物秸秆转化为气体燃料，如沼气、秸秆热解汽化燃料气等。三是将秸秆转化为液体燃料，如燃料乙醇等。

秸秆作为农村生活用能占有重要地位，1996 年以来中国农村秸秆能源用量占农村生活用能比重从 35.2% 下降到 2003 年 31.5%，秸秆能源折合标煤总量从 1.20 亿吨增加到 1.43 亿吨（表 1-9）。传统的秸秆直接燃烧利用方式是燃料效率低、资源浪费及环境污染的能源利用方式。农作物秸秆含碳量约 40%，秸秆直接热值相当于煤的一半，农村直接燃烧热效率最高仅为 12% ~ 15%。

表 1-9　中国秸秆能源利用情况　　　　单位：万吨、%

年份	农村生活用能总量/万吨	秸　秆		秸秆能源用量占农村生活用能比重/%
		实物/万吨	标煤/万吨	
1996	34 069	27 964	11 996	35.2
1998	36 584	26 779	11 488	31.4
1999	35 347	29 143	12 502	35.4
2000	36 999	28 812	12 360	33.4
2002	41 427	32 979	14 148	34.2
2003	45 347	33 296	14 284	31.5

注：数据来自《中国农村能源年鉴》，秸秆折合标煤系数 0.429。

秸秆汽化技术可以把秸秆高温裂解生成以 CO 为主并含 H_2、CH_4 等多种可燃成分的煤气，热值为 5 ~ 12 兆焦/米^3，总效率可达 35% ~ 45%，比直燃提高 2 倍。秸秆加工压块，其燃料热值平均 16.7 兆焦/千克，再制成生物碳燃料效率比传统方式提高 3~4 倍。这些新型的综合利用技术生产燃气或电力替代石油燃料的消耗，使能源资源的配置更为合理，还减少 CH_4 等有害气体排放，提高能源利用效率。通过对中国 1998~2000 年的数据分析可以看出，秸秆汽化集中供气和压块供气分别节省标煤 9.5 万吨和 0.14 万吨（表 1-10），加强秸秆资源综合利用，可大大减少传统能源的使用量，是传统能源的替代选择途径之一。

表 1-10　1998~2000 年秸秆能源替代分析

单位：万吨、万米^3

年份	汽化集中供气			压块供气		
	秸秆	供气/万米^3	标煤	秸秆	产量	标煤
1998 年	2.67	4 572	1.56	0.041	0.041	0.023
1999 年	4.51	8 248	2.82	0.075	0.075	0.043
2000 年	8.68	15 057	5.14	0.125	0.125	0.071
合计	15.86	27 877	9.52	0.241	0.241	0.137

注：汽化集中供气，秸秆折合标煤系数 10 兆焦/米^3；压块供气，折合标煤系数 0.57

（4）作为工业生产原料利用

秸秆较多地应用于造纸和编织行业、食用菌生产等，近年又兴起了秸秆制纸质地膜、纤维密度板等技术。利用农作物秸秆等纤维素废料为原料，采取生物技术的手段发酵生产乙醇、糖醛、苯酚、燃料油气、单细胞蛋白、工业酶制剂、纤维素酶制剂等，在日本、美国等发达国家已有深入的研究和一定的生产规模，我国在这方面的研究和应用相对落后。

利用农作物秸秆生产食用菌，是将许多农业废弃物或农产品加工过程中生产的废物作为食用菌生产的原料。食用菌一般是真菌中能形成大型子实体或菌核类组织并能供食用的种类，绝大部分属于担子菌，极少部分属于子囊菌。较大面积栽培的有 20 多种。我国栽培的主要有各种平菇、香菇、金针菇、白蘑菇、草菇、白木耳、黑木耳，以及兼有医用价值的猴头、灵芝等。

食用菌一般具有较高的营养价值，味道鲜美。据分析，食用菌中不但含有丰富的蛋白质、脂肪、糖类、维生素等，而且蛋白质的各种氨基酸成分较齐备。如香菇、平菇中都含有 18 种氨基酸，国际市场需求量很大。

食用菌大都以有机碳化合物为碳素营养，如纤维素、半纤维素、木质素、淀粉、果胶、戊聚糖、醇、有机酸等。目前，我国常用的有棉籽壳、稻草、麦秸、玉米秸、高粱秸、米糠、麦麸、豆秸、花生壳、甘蔗渣、莲子壳、废棉絮、锯末、木屑等。食用菌的正常生长不仅要求有一定的碳源，同时还要求一定的氮源。氮素来源除含氮化肥外，禽粪是良好的氮源。除碳、氮外，还要求有一定的矿物质元素，如钾、钙、镁等。

12. 目前我国在秸秆综合利用中存在的问题有哪些？

（1）秸秆废弃不能还田引起土壤有机质降低

据 20 世纪 80 年代对我国 901 个县的土壤普查结果表明，我国的肥沃高产田仅占 22.6%，中低产田占 77.4%；普遍缺氮、磷的土壤面积占 59.1%，缺钾的土壤面积占 22.9%，土壤有机质低于 0.65% 的耕地占 10.6%，我国化肥生产氮、磷、钾的比例失调，北方土壤缺磷、南方土壤缺钾的现象十分严重，磷、钾供应不足明显降低了氮肥肥效。由于过多施用化肥尤其是氮肥，造成土壤板结、地力下降，并导致农作物病虫害增多、作物品质下降等。但同时，我国大量的农作物秸秆资源却被焚烧，未能归还土壤或进行开发利用。

（2）秸秆资源的开发利用率低

稻草、麦秸这类纤维性副产品除少量用于编织、造纸、沤肥或秸秆还田外，相当大的部分没有被利用，或堆积任其腐烂损失，或付之一炬，浪费很大。

据不完全统计，世界上被利用的秸秆等农林废弃物不足20%。我国目前秸秆利用率为33%，其中大部分未加以处理，经过技术处理利用的仅占2.6%。综合利用的潜力巨大。

（3）秸秆还田技术推广阻力较大

秸秆还田技术推广阻力较大的主要原因与秸秆本身难以降解和推广应用中存在的一些问题有着密切的关系。秸秆降解是一个复杂的过程，涉及的问题很多。第一，农作物秸秆主要由纤维素、半纤维素和木质素三大部分组成，但由于纤维素和半纤维素特别是木质素难以被微生物分解，所以秸秆直接还田后在土壤中被土壤微生物分解转化的周期较长，不能作为当季作物的肥源，而且一年只能还田一次。第二，还田秸秆数量、土壤水分、秸秆被粉碎的程度等影响秸秆还田的效果。第三，受病虫害危害的秸秆一般不能直接还田，特别是秸秆覆盖为病虫害提供了栖息和越冬场所，近年来的调查发现病虫害有增加的趋势。第四，由于秸秆含氮量低，C/N 值一般在（60～80）：1，而微生物在分解秸秆时自身需要吸收一定的氮素营养，加之我国土壤普遍缺氮、磷和钾，所以直接还田时需添加一定的氮、磷、钾肥料，以加速微生物分解秸秆和避免发生微生物与农作物争氮而影响苗期生长。第五，未经改造的下湿田、冷浸田和烂泥田因透气性差，秸秆翻压后产生的甲烷、硫化氢等有害气体不能有效释放而毒害作物根系。在推广应用中，秸秆还田常因翻压量过大、土壤水分不适、施氮肥少、翻压质量差等原因而出现妨碍耕作，影响出苗、烧苗、病虫害增加等现象，有的甚至造成减产。由于这些限制因素和不良反应，目前农作物秸秆的直接还田和秸秆覆盖等应用推广阻力较大，应用面积较小。

（4）露天燃烧秸秆造成的污染严重

燃烧秸秆是近年来出现的一个新的、越来越突出的环境污染现象。随着农村经济的发展和广大农民群众生活水平的提高，农村对秸秆的传统利用方式正在发生变化，近年来这种变化在许多地区呈现加快发展的态势。农村露天燃烧秸秆污染大气，乱堆乱弃秸秆污染水体，影响村容镇貌的问题更加突出。这一问题的快速发展不仅污染环境，而且影响和干扰经济的正常秩序，形成新的安全隐患，直接影响民航、铁路、高速公路的正常运营，在一些地区造成巨大的经济损失，已经引起各级领导、新闻舆论和公众的极大关注。

（5）秸秆综合利用技术应注意的问题

秸秆作为可再生生物资源具有多种用途，本身是物质和能量的载体，含有碳、氮、磷、钾、镁、钙等元素。秸秆作肥料、饲料、燃料和工业原料常常存在着矛盾，因此在考虑秸秆资源综合利用技术时，如果只注重肥料、燃料和饲料单一效益的单项技术常常是顾此失彼，例如，秸秆作燃料只利用其能量部分，损失有机氮和有机碳，还田的只是灰分中的钾，产生 CO_2、CH_4 等温室气体造成环境污染。秸秆作肥料直接还田就不可再作饲料和燃料，受秸秆腐殖化和土壤有机质矿化速率的限制土壤有机质缓慢增加，南方水田厌氧条件下翻埋稻草还田会加大 CH_4、H_2S 排放的可能。即使秸秆作饲料过腹还田使饲料和肥料统一了，但不能再作燃料，因此，碳、氢元素在饲料和肥料利用途径中损失成为可能污染源，如反刍动物甲烷排放。而在制取沼气过程中，生物质通过微生物发酵，将作为燃料的碳、氢两种元素和作为肥料的氮、磷、钾等元素分离，即把生物质能源中的能量和养分分离分别利用，解决了饲料、燃料和肥料间的矛盾，为实现农村能源、农业生产、生态良性循环提供了技术条件。

24

因此，综合利用技术将秸秆资源经过加工，分离出能源和养分，实现秸秆资源多级利用，使其具有更高的资源利用效率和更好的生态效益。单项技术通过加环组链可以减少污染，增加附加值，向综合技术转化，提高生态、经济效益。

秸秆资源化综合利用技术真正转变为市场可接受、受农民欢迎的有商品价值和利润的产品，除了技术本身的问题，还受到当地的资金、劳力甚至传统观念等多种因素的限制。因此，要因地制宜选择适合当地的秸秆利用技术，无论是作为燃料、肥料、工业生产原料，还是通过饲料途径都要根据当地的资源短缺情况决定，发挥最大效益。如北方牧区饲料缺乏地区，原料收集运输、青贮饲料的设备投资是主要限制因素；秸秆机械还田需要解决配套机械、病虫害防治等田间管理问题；在大城市郊区经济发达、能源充足地区，秸秆在满足养殖业和工业需要外可还田培肥地力；在南方沼气工程发展良好的地区，秸秆制成饲料，经牲畜过腹成沼气，池制沼肥还田，减少环境影响；工业不发达的能源私有制地区，发展秸秆燃料的高效利用技术更为迫切。

总之，按照"因地制宜，多能互补，综合利用，讲求效益"的原则，将秸秆利用的技术研究开发作为系统工程来研究，才能提高资源利用效率和经济效益。秸秆资源的开发利用有赖于技术的进步以及资源的市场化、产业化的发展，只有将其纳入农业系统的新的经济循环过程，才能实现中国农业的可持续发展。

13. 年年禁烧秸秆，为何年年依然禁止不了？

农户作为"理性经济人"，焚烧秸秆成为其最经济合算的必然选择。禁止焚烧秸秆，就等于阻止农户转嫁成本，就需要农户自己支付处理秸秆的费用。因此，农民缺乏减少污染的动机。秸秆焚烧不但严重污染环境，更会给交通、民航等带来安全隐患。

每年一到夏秋收获季节，各地政府都会加大对秸秆禁烧的宣传力度，并及时出台相关规定，诸如由农业、农机、环保、公安、交通等部门联合下发秸秆禁烧通告；利用多种宣传媒介对焚烧危害进行宣传；有的乡镇更是下派干部承包禁烧区，制定了秸秆焚烧处罚规定等。但是，就在各级政府加大管理力度的同时，秸秆焚烧却有愈烧愈烈之势。每到收获季节，田间地头便浓烟四起。为何年年禁烧秸秆，就是禁止不了？

秸秆是资源，农民未能充分利用，而是一烧了之，从经济学角度来看，农民是否焚烧秸秆的决定因素是农民收入水平与秸秆利用的成本和收益。在经济学上，有一个"理性经济人"的概念，理性经济人的经济行为总是为了实现自己的利益最大化，其基本的行为准则就是行为的预期收益大于预期成本。而农民也是理性经济人，在农业资源有限的约束条件下，农民私人利益最大化与社会福利最大化产生严重背离，导致农民焚烧秸秆。而目前我国农民单独经营的现状决定了农民在进行秸秆资源化利用方面，其成本居高不下。

一方面，农民的小规模经营制约了秸秆综合利用的广度和深度，加大了秸秆综合利用技术的使用成本；另一方面，目前农民的兼业及劳动力向外转移现象十分普遍，农民收获利用秸秆的劳动力机会成本过高。从这个角度来看，很明显，农民在外打工一天的收入远远大于同样时间内处理秸秆所带来的收益。

农民若想在市场上卖出农作物秸秆，需要投入额外的人力、物力、财力去了解市场行情，了解收购价格、数量、质量及交易对象。此外，农作物秸秆密度小、体积大，如果把秸秆转移到较远的加工厂、造纸厂做原料，仅运费、装卸费就不合算，甚至超过秸秆本身的价值。事实上，当农民收入水平不断提高，电、燃气等新的能源在农村广泛利用，秸秆作为薪柴的用途被取代后，农民投入到秸秆利用中的比较收益较低时，就会将劳动投入到收益更高的其他经济活动中。因此，秸秆焚烧就成为农民处理秸秆的主要手段。从微观经济学角度分析，农民焚烧秸秆产生污染本质上是个外部性问题，其表现是农民焚烧秸秆的私人成本和社会成本不一致。农民焚烧秸秆，自己便利了，但所带来的污染要由整个社会来承担。所以，焚烧秸秆就成为农民最经济合算的必然选择。禁止焚烧秸秆，就等于阻止农民转嫁成本，就需要农民自己支付处理秸秆的费用。因此，农民缺乏减少污染的动机。由于农民的小规模经营、较高的机会成本以及资金的限制，如果仅仅进行秸秆综合利用的宣传发动，而不解决农民秸秆利用的费用负担问题，露天焚烧秸秆就难以从根本上得到制止。

14. 目前国外秸秆为何成为利用新宠？

破解秸秆焚烧的根本途径在于为秸秆找出一条能为农民接受的利用之路。国外一些发达国家对秸秆的处置方式，对于困扰于秸秆焚烧的相关政府部门来说，不失为一种借鉴。

（1）美国：秸秆乙醇成新宠

美国有 24 个农业州，每年都有大量的秸秆需要处理。据美国农业部的一项统计资料显示，全美每年能够收集起来的小麦秸秆就多达 4 500 万吨，而这些仅占年产小麦秸秆的一半。在美国，秸秆的用途很广，可用作饲料、手工制品等，有的地方还用来盖房，将整捆的秸秆高强度挤压后填充新房的墙壁。近几年，秸秆的综合回收利用还和纤维素乙醇的提炼联系了起来。近年来，美国加大了秸秆综合回收利用的研发力度。美国能源部明确指出，小麦秸秆是可再生生物能源的一个重要来源。2007 年 6 月，美国农业部和能源部分别出资 1 400 万美元和 400 万美元，共同设立一项基金，资助有关生物燃料、生物能源及相关产品的研究与开发。

（2）丹麦：秸秆串起利用"黄金圈"

丹麦是世界上首先使用秸秆发电的国家。位于丹麦首都哥本哈根以南的阿维多发电厂建于 20 世纪 90 年代，被誉为全球效率最高、最环保的热电联供电厂之一。阿维多电厂每年燃烧 15 万吨秸秆，可满足几十万用户的供热和用电需求。和煤、油、天然气相比，秸秆成本低、污染少，是电厂认为最划算的燃料。此外，秸秆燃烧后的草木灰还可以无偿地返还给农民作为肥料。使用秸秆发电，电厂降低了原料的成本，百姓享受了便宜的电价，环境受到保护，新能源得以开发，同时还使农民增加了收入，串联起了一个"黄金圈"。

（3）日本：秸秆几乎全利用

日本处理秸秆的方式主要有两种：混入土中还为肥料，以及作为粗饲料喂养家畜。根据近年统计数据，日本每年产生的秸秆几乎被全部利用。其中，翻入土层中还田的约占 68%，作为粗饲料养牛的约占 10.5%，与畜粪混合作成肥料的约占 7.5%，制成畜栏用草垫的约占 4.7%，只有一小部分难以处理的秸秆被就地燃烧。目前，日本正在积极挖掘秸秆的燃料转化潜力。有官员表示，当务之急是开发出利用植物纤维的生物燃料，避免影响粮食供应价格。对于燃料和粮食都依赖进口的日本来说，这一点尤为重要。据悉，日本地球环境产业技术研究机构与本田技术研究所已共同研制出从秸秆所含纤维素中提取乙醇燃料的技术。

二、秸秆还田技术

15. 秸秆还田的作用有哪些?

土壤虽是个巨大的养分库,但并不是取之不尽的,为保持土壤有足够的养分供应容量和强度,保持土壤养分的携出量与输入量间的平衡,必须通过施肥、秸秆还田等措施加以实现,这就是养分归还学说的基本含义。而秸秆还田是物质归还最直接也是最有效的途径之一。

(1) 增加土壤有机质含量,改善土壤肥力特性

农作物秸秆中含有大量的有机物质,秸秆施入土壤后其有机物质可以通过土壤微生物的作用转化为土壤有机质及释放出部分矿物质。植物秸秆中有机物质含量之高,是其他有机肥所不能相比的,所以说秸秆直接还田,可以为土壤有机质的积累提供重要的物质基础;秸秆还田提高土壤有机质含量,尤其是使土壤活性有机质保持在适宜的水平,已被众多的试验及实践所证明;秸秆还田通过影响土壤物理、化学和生物学性质而改善土壤肥力特性,提高土壤的基础地力。其中增幅最大的是速效钾,而钾素对提高稻麦产量和改善品质的影响极大。此外土壤微生物数量增加 20%,秸秆土壤呼吸强度较 10 厘米外土壤高 99% ~ 139%,接触酶、转化酶、尿酶的活性分别提高 33%、47%、17%。秸秆还田及秸秆与猪厩肥配施的处理 > PF2 孔隙(土壤爽水通气孔隙)明显增加,大孔隙占总孔隙的比例较大,容重变轻,收缩率和破碎系数均变小。这充分表明,秸秆对土壤物理性状的改善具有积极作用,特别是土壤容重变轻,破碎系数变小,使土壤疏松，通气性改善。秸秆与猪厩肥等有机物配施后的改土培肥作用更为明显。

（2）提供植物需要的养分

秸秆中含有植物生长所必需的各种营养元素，除氮、磷、钾外，秸秆中还含有硅、锌、硼、铁、钙、硫、锰、镁等元素，共计 30 多种。秸秆中的营养元素来自于植物从土壤中的吸收，保存于植物体中，如把秸秆归还于土壤中，那么秸秆中的这些营养元素就又回到了土壤中，供作物再度吸收利用，从而实现这些元素在土壤—作物间的良性循环。但由于土壤中的这些营养元素的化学形态不同，有些可被植物直接吸收利用，这部分养分被称为有效养分，而有些则不能被植物直接吸收利用。总的来说，大部分土壤中营养元素含量丰富，而可以被植物直接吸收利用的只占很少一部分。秸秆还田回到土壤中的部分营养元素很容易被下一季作物吸收利用。据试验，稻草在雨水中浸泡 24 小时，其中 80% 的钾进入水中，成为水溶性钾，可直接被植物吸收利用。稻麦秸秆中的钾含量达 0.96% ~ 2.02%，如果全年亩还田秸秆 900 千克，相当于施钾肥 18 千克。对于钾肥资源短缺的我国来说，秸秆是十分宝贵的钾肥资源。秸秆中所含有的许多从土壤中吸收的中微量元素，很难通过其他施肥方法加以补充，而秸秆还田，可减缓土壤中有效态中微量元素养分的损耗。许多人错误地认为秸秆焚烧后，所含的矿质营养元素仍留在土壤中。其实焚烧秸秆使大量速效的矿质营养元素转化成不能被植物直接吸收利用的化学形态。例如，秸秆在焚烧后，其速效钾的一半被固定到硅的晶格中去而不能被植物直接吸收利用。焚烧过程中大量的硫、磷等元素随着滚滚浓烟飘散到空气中去了。

（3）保护生态环境

① 可创造适宜作物生长的环境。秸秆覆盖地面，干旱期减少土壤水的地面蒸发量，保持了田间蓄水量；雨季缓冲雨水对土

壤的侵蚀，减少地面径流，增加耕层蓄水量。覆盖秸秆隔离阳光对土壤的直射，对土体与地表稳热的交换起到调剂作用。此外，农田覆盖秸秆可抑制杂草生长。

② 减轻重金属和农药污染物的毒害作用。秸秆还田有效地提高了土壤有机质，土壤有机质与重金属的结合作用对土壤和水体中重金属离子的固定和迁移有极其重要的影响，腐殖物质——重金属离子的复合体在一定的条件下能降低重金属的生物有效性，减轻重金属对生物的毒害。土壤有机质对农药等有机污染物有强烈的亲和力，对有机污染物在土壤中的生物活性、残留、生物降解、迁移和蒸发等过程有重要的影响。

③ 减少秸秆焚烧等引起的生态环境问题。焚烧秸秆或将秸秆随意丢弃、推入河沟，不仅浪费宝贵的秸秆资源，也严重污染空气、水源。秸秆燃烧产生的烟雾中含有大量的灰分、CO、CO_2、氮氧化物、焦油、3，4-苯并芘等有毒物质，这些物质有些对人畜呼吸道有刺激作用。秸秆随意丢弃同样会污染环境，引发环境特别是水体的富营养化，造成航道堵塞、鱼虾死亡、居住饮水困难。秸秆还田使全社会施肥量减少，也减轻了化肥工业对环境的污染。

（4）秸秆还田的增产效果

中国农业科学院试验结果表明，实行秸秆还田后，一般都能增产10%以上。坚持常年秸秆还田，不但在培肥阶段有明显的增产作用，而且后效十分明显，有持续的增产作用。秸秆还田对土壤有效硅的增加具有一定的影响。如果植物缺硅，则茎秆及叶片的刚性就会降低，抗倒伏和抗病虫害的能力就会减弱。

16. 秸秆在土壤中分解的影响因素及分解规律有哪些?

（1）秸秆分解的一般规律

秸秆进入土壤后，在土壤中小动物及其他物理、化学因素的作用下，秸秆组织被破坏，使组织中的有机成分充分与土壤接触，这时微生物就成为作用于有机质的主要因素。首先是在嗜糖酶菌（白霉）和无芽孢细菌为主的微生物作用下，先分解水溶性物质和淀粉等，以后过渡到以芽孢细菌和纤维分解菌占优势，主要分解蛋白质、果胶类和纤维素等，后期以放线菌和某些真菌为主，主要分解木质素、单宁、蜡质等。以分解速度而言，初期分解迅速，在适宜的温度（20~30℃）和土壤条件下，分解强度较大的时期可维持 12~45 天，然后进入持续缓慢分解时期。结果，秸秆被分解成简单有机物，并释放出氮、磷、钾、硫等营养元素供作物吸收利用，并可能同时改变了有些有机物的结构和组成，这就是所谓的矿质化过程；简单有机物在微生物及一些化学过程的作用下，经过一系列极其复杂的过程，最后形成结构更加复杂的新的有机物质——腐殖质，这称为腐殖化过程。

（2）影响秸秆分解的因素

① 秸秆的化学组成：秸秆 C/N 值的高低及木质素含量的多少，对秸秆的分解影响很大。C/N 值小的分解快，反之就慢。N 元素为合成蛋白质之用，正是由于 C/N 值的原因，稻秸秆比麦秸秆更易分解。大量秸秆还田后，微生物由于获得了大量新的碳源而活动旺盛，出于繁殖组成其体细胞的需要，要按一定比例摄取氮素，如果有机物中的氮数量不够，微生物就会从土壤中吸收有效态的无机氮，发生微生物和在田作物争夺氮素的现象，结果不但延缓还田秸秆的分解，还可能影响在田作物的生长。微生物分解秸秆适宜的 C/N 值是 20~30，而各种秸秆的 C/N 值一般在

50～70，所以，大量秸秆还田时，应注意在基肥中适当增加氮肥用量。

② 秸秆的细碎程度：细碎的秸秆与土壤的接触面大，有利于吸收水分，分解较快。

③ 土壤条件：秸秆直接还田的实质是在土壤中进行矿质化和腐殖化，这些主要是通过土壤微生物来完成的。旱地一般在田间持水量的 60% 时翻埋最适宜。其他如土壤质地、结构、熟化程度等也影响秸秆的分解速度。质地轻松、结构良好、熟化程度高的土壤中秸秆分解较快，反之较慢；低湿地的冷性土比岗地分解慢；浅层土壤下的秸秆比深层土壤下的秸秆分解快。

17. 各地秸秆还田工作现状如何？

河北、山东、河南、江苏等地在秸秆还田方面做出了许多探索并取得了明显的成效。以江苏为例，该省各级农机部门紧紧围绕省委、省政府提出的明确要求，深入贯彻省人大常委会《关于促进农作物秸秆综合利用的决定》，积极进取，开拓创新，大力示范推广秸秆机械化还田技术，取得了显著成效，为推进秸秆资源有效利用，保护生态环境，建设新农村作出了应有的贡献。

(1) 工作力度不断加大

省委、省人大、省政府高度重视秸秆综合利用工作，2009年，省人大在全国率先出台了《关于促进农作物秸秆综合利用的决定》的地方性法规，把秸秆机械化还田纳入了依法推进的轨道。省政府制定了《江苏省农作物秸秆综合利用规划》，把秸秆机械化还田及综合利用工作列入政府重要议事日程，明确了分阶段目标和推进措施。各市县党委、政府也高度重视秸秆机械化还田及综合利用工作，层层建立责任制，并召开专题会议，成立领导小组，明确工作职责，分解目标任务，制定考核及奖惩办法，加强督促检查，有力推动了秸秆机械化还田工作的顺利开展。省农机局连续多年将这项工作列入全省农机化目标考核内容，作为农机化发展的重点工作来抓，每年在秸秆还田关键时期都组织督查，确保各项措施落实到位。

（2）财政投入逐年增加

"十一五"以来，各级财政对秸秆机械化还田工作的扶持力度逐年加大。2008 年省财政用于秸秆还田机购置补贴资金达1 430万元、作业补助资金达661 万元；2009 年秸秆还田机补贴资金增至 3 052 万元、作业补助资金增至 6 180 万元；2010 年，省财政对秸秆机械化还田扶持资金达 1.1 亿元，各级财政配套投入达到 5 700 多万元；2011 年，省财政对秸秆机械化还田扶持资金达 1.5 亿元，51 个县（市、区）安排配套投入 9 000 多万元；2012 年省财政安排 2.1 亿元资金扶持秸秆机械化还田工作，财政资金的引导作用得到了明显体现，不少市县已将秸秆机械化还田工作列入财政预算，明确了配套投入。

（3）示范规模不断扩大

在秸秆机械化还田推进工作中，该省通过坚持试验、示范、推广的基本程序，确立了以点带面、梯度推进的总体思路，用典型示范带动群众。2007 年，在全省启动建设了 13 个秸秆机械化还田示范乡镇，积极探索技术路线和运行机制。2008 年建设的示范乡镇扩大到 18 个。2009 年示范推广范围扩大到 10 个示范县、5 个试点县和 30 个示范乡镇。在总结示范成效的基础上，2010 年在全省 38 个示范县、28 个推进县中全面推进秸秆机械化还田。机械化还田面积由 2007 年的 60 万亩，扩大到 2010 年的1 700 多万亩，还田率达 26.3%，部分示范县秸秆机械化还田率超过 60%。2011 年 77 个示范推进县共完成稻麦秸秆机械化还田面积 2 380 万亩、还田率达 34.8%。大中拖配套秸秆还田机保有量大幅增长，从 2007 年的 2.1 万台发展到 2010 年的 7.8 万台。

（4） 技术体系日趋完善

江苏充分发挥该省秸秆还田机械产业集群优势，不断加大新产品研发力度，先后开发出适合农艺要求的系列化秸秆还田机械。目前，全省秸秆还田机及其配件在全国的市场占有率超过了60%。2011年，依托灌云县秸秆还田机产业集中度高的优势，进一步整合资源，成立了江苏省旋耕机械科技创新中心，不断加强秸秆还田机械技术创新。同时，充分发挥技术专家组和各级农机推广部门的作用，积极组织开展调查研究，提出了适应本省稻麦秸秆机械化还田的发展思路和技术路线，并研究制定了六项省地方标准，进一步增强了技术的规范性、可操作性。各地还因地制宜，不断探索、熟化适合本地的秸秆机械化还田与机插秧集成技术体系。2011年，全省麦秸秆还田集成水稻机插秧面积达1 115万亩，占夏季还田总面积的66.4%，占全省机插秧总面积的65%，秸秆机械化还田与机插秧集成技术效果显著，已成为今后大面积推广的一项重要集成技术。

（5） 推进机制基本形成

几年来，各地积极创新工作思路，综合运用法律、行政、经济、技术等多种手段，全力推进农作物秸秆机械化还田，全省初步形成了以宣传发动和技术培训为基础、政策扶持为动力、行政措施为保障，多措并举、多部门联动的协调工作机制。据统计，2007年以来，全省各地共组织召开秸秆机械化还田技术现场演示会2 403期，参加人员62万人次，发放宣传资料800余万份。组织开展秸秆机械化还田技术培训班3 875期，受训人员达37.5万人次。同时，各地按照市场经济的要求，积极探索秸秆机械化还田社会化服务的新路子，大力培育新型农机服务组织和农机大户，推行订单作业和机收、秸秆机械化还田及机插"一条龙"作业，为加快秸秆机械化还田发展注入了新的活力。各地还把跨区机收的经验运用到秸秆还田作业中，积极实施机械跨区调节，最大限度地提高机具利用效率和效益，逐步建立起推进秸秆机械化还田的长效发展机制。

实践证明，实施秸秆机械化还田，是当前有效利用农作物秸秆的主要途径，不仅具有明显的培肥土壤和促进作物增产效果，减少化肥施用量，降低生产成本，增加农民收入，而且有效地促进了秸秆禁烧工作的开展，减少了秸秆露天焚烧现象，改善了生态环境，是一项利国利民利家的"蓝天沃土"工程。2010 年夏季，省气象卫星遥感监测火点数比去年同期下降 48%，为上海世博会的召开营造了良好的外围环境。秸秆机械化还田工作中还存在着一些问题和不足：一是少数市县对秸秆机械化还田重视程度不够，地方配套投入得不到落实，工作不够主动，宣传发动不到位，存在短期化思想和畏难情绪，整体工作进度缓慢；二是对秸秆机械化还田配套农艺技术系统性研究不够深入，需要进一步加强秸秆还田的后续农艺管理措施的研究；三是一些地区未按照技术要求实施秸秆还田作业，作业质量不高，造成基层干部群众对秸秆机械化还田的认识不到位等等。

18. 目前江苏有哪三种常用的秸秆还田方式？

秸秆还田目前有三种方式：秸秆直接还田、过腹还田和间接还田。

（1）秸秆直接还田

① 机械粉碎翻压还田。农作物收获后，在田间将秸秆切碎直接翻入土壤，归还农田。此法常在温度、湿度条件好，土地平坦，机械化程度高的地区应用。

② 覆盖还田。主要用于麦－玉米轮作区或麦－稻轮作区。即在小麦收获后播种玉米或水稻，待出苗后，在行间覆盖麦秸或稻秸。

（2）过腹还田

将秸秆作为粗饲料，喂养反刍动物（牛、羊），然后以粪便的形式还田。

（3）间接还田

通过堆沤发酵有机肥。堆肥和沤肥都是利用作物秸秆与少量人畜粪尿共同堆积腐熟而成的有机肥。它们只是堆腐的条件有所不同，堆肥是在需氧条件下堆制而成，多用于北方；沤肥是在厌氧条件下沤制而成，多用于南方。特别是沤制沼气肥，是增辟肥源、提高肥质、获取燃气资源的一种秸秆综合利用的好方法。

19. 江苏省秸秆机械化还田的技术路线有哪些？

（1）麦秸秆机械化还田的技术路线

① 联合收割机的选用与配置。在麦收季节，收获小麦的机器主要使用全喂入式联合收割机。全喂入式联合收割机的割茬一般在15～30厘米，脱粒清选后的秸秆呈紊乱状条堆在田块中，必须设计带秸秆切碎抛撒装置的全喂入式联合收割机，使后续的秸秆还田作业和播种作业成为可能。

② 水田秸秆还田。采用机械水旋耕麦茬田耕整地工艺。植稻前麦茬田的耕整地有铧式犁、圆盘犁耕翻、干旋耕、免耕和水旋耕等多种作业方式。水旋耕可使麦秸秆与泥土充分搅拌，耕作深度可加深2～4厘米，并可实现多道工序的复式作业，大大提高生产效率，降低作业成本。但缺点是有可能造成土壤板结。

③ 旱地秸秆还田。采用秸秆粉碎机，把联合收割机作业后的留茬和抛撒的秸秆粉碎，然后再用旋耕机作业；或采用双轴秸秆粉碎旋耕机，一次完成秸秆粉碎和旋耕的复式作业。

（2）稻秸秆机械化还田的技术路线

① 大力发展高性能半喂入式联合收割机。高性能半喂入式

联合收割机，其低割茬、整秸秆、具有秸秆切碎装置的优良性能，使稻秸秆的综合利用具有相当的灵活性。

② 用 55～75 马力级轮式拖拉机逐步更新换代 50 马力级轮式拖拉机，配套反旋灭茬机。采用联合收割机切碎抛撒，再用大马力级轮式拖拉机驱动反旋灭茬作业，既增加旋切深度，又使秸秆的掩埋和覆土得到加强，可获得较好的还田效果。

③ 采用双轴灭茬旋耕机进行稻秸秆的还田耕整地作业。工作中采用前轴破茬儿，后轴旋耕的原理，能使泥土与稻秸秆充分搅匀，耕深可达 16 厘米，是目前稻秸秆还田作业性能较好的机型。在解决轻型化设计之后，水田作业可得到较好的效果。

④ 推广稻茬田少（免）耕播麦的保护性耕作，在部分地区推广板茬机播技术。使用少（免）耕条播机，一次完成秸秆还田、开沟、播种、覆土、镇压的复式作业。有的地方仅对播麦行进行秸秆还田作业，在其余的行间（空间）撤除旋耕刀，不进行秸秆还田作业。由于撤除了旋耕刀，功耗降低，可将这部分的能量用于秸秆还田区域，提高秸秆的掩埋深度。秸秆覆盖地表还田不扰动耕作层，防止田间水分流失，有利于保水、保肥、保温和增加土壤有机质。

（3）玉米秸秆机械化还田技术路线

① 玉米秸秆粉碎还田机的应用。在玉米成熟期采用人工摘穗，然后利用秸秆还田机直接将秸秆粉碎还田。为此技术配套的玉米秸秆粉碎还田机比较成熟，由工作部件锤爪或甩刀将秸秆粉碎，一般 50 马力级中型拖拉机配 150 厘米幅宽的机型，秸秆粉碎后进行下茬小麦的少（免）耕机条播作业。

② 复式作业机具的应用。双轴传动的复式作业机械能一次完成玉米秸秆粉碎、旋耕、播种小麦三项作业，可提高作业效率，减少拖拉机的进地次数。

③ 互换割台联合收割机，根据收获作物的不同，换装小麦

大豆玉米等割台，可降低成本，一机多用，玉米联合收割机和稻麦联合收割机一样，属长线产品。

20. 秸秆还田机械现状如何？

以江苏省来看，从 2009 年开始大力推进秸秆还田，常用的机具有 30 多种。

（1）秸秆粉碎还田机

目前，该机型技术比较成熟，利用刀轴高速旋转带动动刀和定刀的相互作用实现秸秆粉碎。采用的刀型主要有锤爪式、直刀式、甩刀式和混合式四种。锤爪式体积大，排列简单，需锤爪数量少，寿命长，作业粉碎效果好，粉碎后的秸秆以丝絮状为多。该机型主要用于粉碎硬质秸秆（如玉米、棉花等）。而混合式和特制直刀式可以实现和锤爪式直接互换。上述机型主要用于粉碎软质秸秆（如稻、麦等）。由于秸秆粉碎还田机转速高达 2 000转/分左右，在生产过程中，需要对空刀轴和安装刀片的刀辊进行动平衡试验；同时确保配套安装的刀型和刀座重量在一定的误差范围内；在作业后损坏或磨损严重进行更换时，也要成对更换，才能保持平衡性。

（2）水、旱秸秆还田机

① 水田秸秆还田机。水田秸秆还田机主要以埋草和整地为主，对作业后地表平整度要求较高。当前该种机型结构类型较多，主要有普通旋耕机直接改装型和专用机型。目前，采用的异形专用刀主要有燕尾形、刀盘形、Y 形、飞机形等。这类结构的特点是结构简单、通用性好，便于组织生产和管理。整体来说，技术比较成熟，对半量秸秆还田的田块，一遍作业基本可以满足后续插秧农艺要求；对全量秸秆还田的田块，一般需要 2 遍作业；但作业质量受作业地块浸泡时间、前茬作物以及作物留茬高

度、还田量的影响较大。

② 旱地秸秆还田机。旱地秸秆还田机主要用于水稻、玉米收获后旋耕、埋草、灭茬、整地以满足常规小麦种植模式，主要分正、反转两种机型。正转机型即刀轴转动和拖拉机前进方向一致。反转机型即刀轴转向和拖拉机前进方向相反，它主要采用旋耕机刀轴排列方式，使用刀具少，结构较普通旋耕机紧凑。

③ 水旱两用秸秆还田机。水旱两用秸秆还田机是近年来出现的新型多功能秸秆还田机，主要采用专用刀具较密的排列方式或采用标准刀具增加辅助埋草、碎土或起浆装置实现水旱两用。在不改变还田机结构、刀轴排列或增减辅助装置的情况下，既适用于水田耕翻、埋草、埋茬儿、起浆、平地，满足后续插秧要求，又可以实现旱地耕翻、埋草、埋茬儿、碎土、平地，满足后续小麦或其他作物种植要求。

（3）双轴灭茬机

双轴灭茬机是在旋耕机的前部，增加一根灭茬刀轴，用于解决留茬过高普通旋耕作业不宜破茬儿的问题。但该种机型不适用于江苏省的秸秆还田作业，原因在于该种机型主要用于玉米秸秆高留茬问题，而江苏省玉米收获时秸秆含水率高，灭茬刀轴转速不足以粉碎玉米秸秆的高留茬。

21. 秸秆直接还田的好处有哪些？

（1）改良土壤结构

将秸秆粉碎经过耕机埋入土壤后，被土壤中的微生物分解，释放养分，在分解过程中同时进行腐殖质化，从而改善了土壤团粒结构和理化性能，大大改善了土壤自身调节水、肥、热、气的能力。团粒结构增加，土壤空隙度就提高，从而为土壤微生物活动创造良好环境，形成土壤耕作层养分来源不断积累的良性循环，随着秸秆还田数量的增加，土壤中有机质不断提高。据测定，经两年秸秆还田后土壤有机质提高 0.1% ~ 0.27%，容量下降 0.03 ~ 0.06 克/厘米^3，土壤总孔隙提高 1.25% ~ 2.25%，土壤疏松通气性好。

（2）省工、省时、增产

农作物秸秆直接还田可以节约大量收运人工及堆沤的时间，省工、省时、效率高，降低作业成本。一般情况下，机械化秸秆还田的作业成本仅为人工还田的 1/4，而工效比人工高 60 ~ 100 倍，采用秸秆还田可增加农作物产量，一般增幅在 10% ~ 15%。

（3）优化环境，减少污染

推广秸秆机械化直接还田技术，使秸秆中的有机质得到充分利用，可避免田间地头焚烧秸秆造成的烟尘污染和秸秆资源的浪费，有利于保护生态环境，防止污染，对促进生态农业和环境农业的发展具有重要意义。

22. 水田稻秸秆还田有什么工艺流程及技术规范？

（1）工艺流程

全喂入式联合收割机收获水稻（出草口安装秸秆切碎器）、半喂入式联合收割机启用秸秆切碎装置（无秸秆切碎装置收割机作业的田块，需人工把秸秆散开）—放水泡田—大、中、小型单轴（或双轴）水田秸秆还田机掩埋秸秆及整地—机械插秧（或人工插秧）。

（2）秸秆处理

经收割后的稻秸秆应均匀地铺撒在留茬田面，不得有条状堆草和集中性堆草的现象。对半喂入式高性能联合收割机，在确保收割干净的情况下一般留茬 10 ~ 15 厘米，启动秸秆切碎装置，秸秆切碎长度 10 厘米左右；对全喂入式联合收割机，在确保脱粒干净的情况下，一般留茬 25 ~ 30 厘米，人工散匀碎秸秆。

（3）灌水泡田

田面秸秆铺放均匀后，灌水泡田。浸泡时间以泡软秸秆、泡透土壤耕作层为准。一般沙土、壤土浸泡 24 小时左右，黏土田块浸泡 36 ~ 48 小时。一般情况下泥脚深度在 10 ~ 20 厘米时可以进行田间作业。对秸秆量大的田块，浸泡时间应适当加长，以适当增加泥脚深度，预埋性好。

（4）机具的调整及操作

① 万向节的安装。应保证机具工作和提升时，方轴、套管及夹叉既不顶死，又有足够的配合长度，万向节要安装正确。

② 调节拖拉机悬挂机构的左右斜拉杆成水平位置，调节拖拉机上悬挂杆长度，使其纵向接近水平。旋切刀的作业深度应根据土壤坚实度、作物种植形式和地表平整状况进行调整。

③ 行走路线的选择。秸秆还田机常采用棱形、套耕和回形路线。

④ 作业时的注意事项。作业时应先将还田机提升至旋切刀离地面 20 ~ 25 厘米高度（提升位置不宜过高，以免万向节偏角过大造成损坏），转动 1 ~ 2 分钟，挂上作业挡，缓慢放松离合器踏板，同时随之加大油门，投入正常作业，严禁带负荷启动或机组启动过猛，以免损坏机件。工作时禁止倒退。如需倒退，应切断拖拉机后输出动力，作业中若听到异常响声，应立即停车检查。

（5）农艺要求

① 泡田时灌水量要适宜。黏土地灌水量相对少一些，以浸过最高土表面即可；对于沙土地，以浸过最高土表面 2 ~ 3 厘米为宜。作业时水层控制很重要，应控制田面水深在 1 ~ 3 厘米。

以量化描述，耕前地表的水量应是田地中有 1/4 以下的地块露出水面，或者说，水层以田面高处见墩、低处有水，作业时以不起浪为准。

② 正常情况应进行两遍作业。

③ 在作业之前应进行适量补氮，一般按 100 千克秸秆还田增施 0.5～30 千克纯氮。其他肥料的施用按常规进行。

23. 旱田麦秸秆还田有什么工艺路线及技术规范？

（1）工艺路线

联合收割机收割小麦—大、中、小型单轴秸秆粉碎还田机或大型双轴秸秆粉碎旋耕机作业—旋耕机整地（或板茬播种玉米作物）—种植花生、玉米、大豆等作物。

（2）技术规范

① 秸秆处理。联合收割机作业：留茬高度应控制在 15～30 厘米，切碎长度不高于 10 厘米，土壤含水率应处于适耕状态。小麦秸秆还田宜采用带切草装置的半喂入式联合收割机收割，已切碎的小麦秸秆铺撒均匀。

② 机具调整与操作。适用机型：正、反转灭茬机，单轴、双轴灭茬机。

作业前作业技术参数——耕深的调整和确定：根据不同土壤、秸秆还田量和留茬高度，适当调整根深、前挡土板和后挡草栅离地间隙，达到最佳作业状态。若留茬较高、还田量较大，则耕深应增大，一般应保持耕深不低于 10 厘米。调整深度必须满足农艺要求，对于 1 米、1.1 米幅宽配套手扶拖拉机的小型秸秆还田机，有限深压实辊的，通过调整限深轮进行耕深的调整。

（3）农艺要求

一般一遍作业即可满足后续作物种植要求。由于秸秆分解过程中要消耗土壤中部分氮元素，因此，在作业之前应进行适量补氮，一般按 100 千克秸秆还田增施 0.5～30 千克纯氮。其他肥料的施用按常规进行。

24. 玉米秸秆还田有什么工艺流程及技术规范？

（1）工艺路线

玉米联合收割机收割，同时把玉米秸秆粉碎—旋耕机作业、覆盖秸秆（或直接少耕、免耕条播）—播种或栽植。

人工摘收玉米—大、中、小型玉米秸秆粉碎机作业—旋耕机作业、覆盖秸秆（或直接少耕、免耕条播）—播种或栽植。

（2）技术规范

人工将玉米穗摘下，玉米秸秆直立于田中。用与拖拉机配套的玉米秸秆粉碎还田机将玉米秸秆粉碎并均匀抛撒在地面上。

玉米收割机将玉米穗摘下的同时随机配置的秸秆粉碎还田机将玉米秸秆粉碎，并均匀抛撒在地面。

玉米秸秆地土壤含水率不大于 25%，秸秆含水率为 20%～30%。

（3）操作方法

① 起步前，将秸秆粉碎还田机提升到一定高度，一般为 15～20 厘米，不可过高，以免万向节联轴器偏角过大，造成损坏。

② 接合动力输出轴，挂上低挡慢速转动 1～2 分钟。

③ 缓慢松开离合器，同时操纵拖拉机调节手柄，使秸秆粉碎还田机在前进中逐步降低到要求的留茬高度，然后加大油门，提高挡位，开始正常作业。

④ 秸秆粉碎后下一道作业前应进行补氮和浇水。将玉米 C/N 值由 80：1 调整到 25：1。一般将氮肥（NH_4HCO_3）180 千克/公顷（12 千克/亩）均匀撒于秸秆粉碎后的田间，其他底肥正常施用。玉米秸秆在土壤中腐解需消耗大量水分，如不及时补水，不仅腐解缓慢，架空土壤，而且还会与下茬作物争水，影响其生长。

25. 秸秆还田作业机具的一般技术要求有哪些？

（1）操作机手要求

操作人员必须经有关部门培训合格后方可上岗操作。使用前必须认真阅读使用说明书，全面了解秸秆还田机的特点和安全注意事项。

（2）作业前

① 调整拖拉机动力输出轴转速，确保刀轴转速达到规定值（或作业效果最佳转速），将还田机降至工作状态。

② 调整拖拉机液压悬挂系统，控制和调节机具的耕作深度和离地高度。

③ 调整限深压实辊和刀尖的距离控制还田机作业深度以满足农艺要求。没有限深压实辊结构的机具，通过机具设计中固有的侧边板或防磨板或平地板与刀尖的距离或刀辊的回转半径，确定其机具的理论固有设计耕深，进行耕深的微调。

（3）还田机作业

水作：田面保留水层深度以 1~3 厘米为宜，秸秆全量还田情况下，普通机具通常作业两遍。对一些新型稻麦秸秆还田机，如单轴高低速、单轴正反转以及双轴水田秸秆还田机等新型机具，作业一遍即可。

旱作：一般作业一遍。

作业时，机手应思想集中。严禁先入土后动力输出或急剧下降机具入土，以免损坏拖拉机及还田机传动部件。地头转弯及倒车时，严禁耕作；作业中尽量避免倒车，若必须倒车，机具应置于空挡和悬空状态并示意以引起周围人的注意。操作时作业前进速度宜保持匀速及直线行走，减少因速度不匀或停顿造成的泥土堆积和表面不平整。机组运输或移地作业，应提升机具，使机具刀片离地 5~8 厘米以及 8 厘米以上。作业时机具发生故障或需要清除缠草或调整时，必须停机熄火方可进行故障排除及机具调整。水田秸秆还田机作业完成后，协助和指导农户，按照农艺要求，使田块适度沉积（沉实、沉淀），并控制好水层高度，做好插秧前的准备。

26. 秸秆还田技术推广应用存在哪些问题及有什么对策？

（1）存在的问题

① 思想认识不到位。多数农民对建设循环经济绿色农业的认识不到位。随着农民收入的提高，农村经济条件的改善，农民不再把秸秆作为主要的燃料，加之市场上化肥、燃气、燃煤供应充足，使用方便，而秸秆还田产生的直接经济效益不够明显，不少农民视秸秆为负担和麻烦，对焚烧秸秆的危害性认识不足，总觉得一把火一烧了之来得省事。

② 机械化秸秆还田增加了作业成本。采用机械化秸秆全量还田技术，一般是在稻麦收获时，在收割机上增加切碎工序，从而增加作业成本 5 元/亩左右，使用反转灭茬机作业与秸秆焚烧后旋耕作业油耗增加 0.3~0.4 千克/亩，效率下降 0.9~1.1 亩/小时，实际操作中农民要多付出耕作费 8~10 元/亩，不少农民不愿承担这种费用。

③ 推迟了后期作物的播种时间。采用机械化秸秆还田技术，还田后的秸秆不易腐烂，尤其是麦秸秆还田后对水稻栽插有一定的影响，一般要推迟 2~3 天栽插时间，夏种与秋种相比季节性强，一些农民不愿等待。

④ 机具性能有待进一步提高。采用反转灭茬机将秸秆直接还田，与采用旋耕机作业相比，地面平整度低，易起垄，夏熟麦收后栽秧，对田块平整度要求较高，栽前需机械整地 2~3 遍，不仅费时，同时也增加了作业成本，影响这一技术的推广应用。

⑤ 政府扶持力度不够。尽管这几年各级政府对秸秆机械化还田及综合利用的投入在逐年增加，对农民购买机械给予了一定的补贴，但尚未形成稳定有效的投入机制，特别是直接接收和使用这一技术的种粮农民的积极性没有充分调动起来，致使推广进度缓慢。

（2）措施

① 加大宣传力度，提高认识。要通过各种途径向广大农民宣传秸秆还田的好处，强化他们保护环境意识，农业可持续发展的意识。在宣传工作中，要通过翔实的数据，进行经济效益核算对比，让农民从直观上感受到秸秆还田的好处，使秸秆还田技术由农民被动接受逐步变为自发行为，要通过现场会、经验介绍会等形式组织农村基层干部、技术人员、种粮大户参加，扩大影响，典型引路，逐步推广。

② 加大行政推动力度。实践证明，秸秆还田技术能否推广应用，与各级政府及相关部门的行政推动力度有密切的关系，各级政府要把推广秸秆还田纳入政府目标考核工作中，层层落实责任制，加强目标考核，制定奖惩和激励措施，要把秸秆还田培肥地力、保护环境，提高到加快农村又好又快发展高度来抓。

③ 加大财政扶持力度。各级政府要制定相对稳定的财政扶持政策，加强引导，积极推广秸秆还田及综合利用技术，要逐步

建立起以国家投资为导向、集体投资为补充、农民投资为主体的多层次、多形式、多元化的投资机制，鼓励农民购买秸秆还田机械，同时要对推广使用这一技术的机手和农民给予一定的补贴和扶持，一般连续补贴 2 ~ 3 年以上，让秸秆还田的生态效益充分显现，让农民得到实惠，才能加速秸秆还田技术推广进程。

④ 加大技术指导和培训力度。各级农机推广部门要加强对秸秆还田技术的指导和培训工作，要通过技术培训班、现场演示会等形式加强对农机手和基层农机技术人员的培训，让他们熟悉和掌握秸秆还田机械的结构原理、维修保养、操作使用知识，充分发挥机械的使用效率。同时要认真做好试验示范工作，及时总结推广工作中的经验教训，确保推广工作顺利开展，取得实效。

27. 秸秆粉碎还田机工作原理及结构特点有哪些？

农作物的秸秆是工农业的重要生物资源和原料。秸秆粉碎还田机主要由悬挂架、动刀辊、齿轮箱、机壳、限深轮、回收送料斗和插板等组成。粉碎辊刀轴转动支承在机壳两侧，在机壳外有传动副连接在粉碎辊刀轴上，同时在机壳两侧装有仿形地轮，在机壳上部装有回收送料斗或盖板。

(1) 工作原理

使用时，通过齿轮箱前面的输入轴与拖拉机的动力输出轴连接，粉碎辊刀为顺时针旋转。当粉碎辊刀高速旋转时，J 形甩刀与定刀相对作用将秸秆切碎，并将秸秆高速粉碎还田。

(2) 结构特点

① J 形甩刀。甩刀上端与所述中空轴表面垂直刀座连接，中空轴的轴向两刀头重合 3 ~ 6 毫米，径向每 0° ~ 90° 设置一个刀头，粉碎辊刀相邻的机壳上设置有数排对应于 J 形甩刀的定刀。秸秆粉碎效果好，不漏割，并且抛送效果好。

② 垂直式旋刀。主机动力输出轴的水平旋转，通过一对弧形齿轮，将动力输出到皮带轮。通过大带轮转小带轮进一步增速，传送到动刀辊，由 18 ~ 24 把 J 形甩刀将作物秸秆切断并打碎。

③ 限深轮仿形。由限深轮通过销子固定限深轮两端的支臂，来控制甩刀离地面的最低距离，使机具在工作时保证了留茬高度和甩刀不至于碰地。

28. 如何选用秸秆粉碎还田机？

秸秆粉碎还田机能快速处理作物茎秆，是当前推广保护性耕作必备的机具之一。秸秆粉碎还田机的刀片分钝角 L 形、直角 L 形、T 形、一字形、十字形、册形、锤爪形。其中，L 形、T 形和册形刀片粉碎效果好，但功率消耗大，容易缠草；钝角 L 形和锤爪形的刀片工作稳定性好；其他形式刀片很少使用。选购秸秆还田机时要注意以下几点。

① 选择与自己的拖拉机动力相配套的秸秆粉碎还田机。具体来说，就是 1.6 米作业幅宽的秸秆粉碎还田机配套 30 ~ 40 马力拖拉机，1.8 米作业幅宽的秸秆粉碎还田机配套 50 ~ 70 马力拖拉机，2 米以上作业幅宽的秸秆粉碎还田机需配套 60 马力以上的拖拉机。

② 检查机具上的铭牌标注内容，其中包括机具型号、外形尺寸、作业幅宽、配套动力等，同时检查外露回转件是否有防护，是否有安全警告标志。

③ 机具外表的涂漆一定要均匀、不得有漏涂、颜色要一致、有光泽，重要部位包括机架、后挡板与框架的焊接要牢固，传动箱、切碎主轴等处的螺栓、螺母要拧紧，传动箱固定螺丝最好加备母。

④ 检查机具的随机文件是否齐全，有无"三包"凭证、出厂合格证、使用说明书。

⑤ 试机前检查传动箱是否有润滑油，各传动零部件是否正常，特别是切碎刀片是否安装牢固；试机时所有人员不得站在秸秆粉碎还田机的后面，运转由慢到快，观察机具运转是否平稳，有无异常声响。

29. 如何选用秸秆旋耕机？

旋耕机是以拖拉机动力输出轴驱动的耕整地农机具，其性能特点是碎土能力强，一次旋耕能达到一般犁耙几次作业的效果，既适用于农田旱耕和水耕，也适用于盐碱地的浅层耕作覆盖，由于其工作可靠，效率较高，油耗较低，越来越受到农民兄弟的欢迎。旋耕机的选配注意以下几点。

① 从使用角度来看，所选旋耕机的耕幅以大于拖拉机后轮侧轮距为好，这样在作业时可以去除拖拉机轮压痕迹，同时旋耕机能对称地配置在拖拉机后面，可以避免牵引偏斜。选购旋耕机需视具体情况而论：黏土较重地区，因作业时阻力较大，选购时，可以考虑升级使用，如 1.5 米耕幅可配 68 千瓦拖拉机进行作业；在盐碱土地上或用于犁耕后水耙作业时，因其阻力小，可与 55 千瓦或 68 千瓦拖拉机配套使用。

② 功率大的旋耕机大多数采用齿轮传动，功率较小的旋耕机（耕幅 1.5 米以下）多采用齿轮和链条传动。

③ 旋耕机和拖拉机连接大多采用 3 点悬挂式。不同型号拖拉机在工作或提升时，方轴与方轴套既不要顶死，又要有足够的配合长度。中间的方轴夹叉与方轴套夹叉的开口须在同一平面内。若方向装错，旋耕机的传动轴回转就不均匀，会发出响声，引起的振动过大，易造成机件损坏。

30. 如何安全使用秸秆还田机？

操作者必须有合法的拖拉机驾驶资格，认真阅读产品说明书，了解秸秆还田机操作规程、使用特点后方可操作。

（1）作业前准备

① 地块的准备：秸秆还田作业前要对地面、土壤及作物情况进行调查，还要进行道路障碍物的清除，地头垄沟的平整（为避免万向节损坏），田间大石块的清除，并设标志等。

② 秸秆还田机的准备：作业前应按照工厂产品验收鉴定技术条件对机具进行技术检查，并按使用说明书进行试运转和调整、保养；配套拖拉机或小麦联合收割机的技术状态应良好；将动力与机具挂接后，进行全面检查。

③ 机具的调整：要进行还田机左右水平和前后水平的调整。通过调整主拉杆的长度，使机组前后保持水平，高速斜拉杆的长度使机组左右保持水平；根据作业质量要求和地面状态状况，确定液压手柄的位置，控制留茬高度和地头转弯时的提升高度。

（2）操作方法

① 起步前，将还田机提升到一定的高度。一般 15～20 厘米。

② 接合动力输出轴。慢速转动 1～2 分钟。注意机组四周是否还有人接近机组，当确认无人时，要按规定发出起步信号。

③ 挂上工作挡，缓缓松开离合器，同时操纵拖拉机或小麦联合收割机调节手柄，使还田机在前进中逐步降到所要求的留茬高度，然后加足油门，开始正常工作。

（3）作业中注意事项

① 要空负荷低速启动，待发动机达到额定转速后，方可进行作业，否则会因突然接合，冲击负荷过大，造成动力输出轴和

花键套的损坏，并易造成堵塞。

②作业中，要及时清理缠草，严禁拆除传动带防护罩。清除缠草或排除故障必须停机进行。

③机具作业时，严禁带负荷转弯或倒退，严禁靠近或跟踪。以免抛出的杂物伤人。

④机具升降不宜过快，也不宜升得过高或降得过低，以免损坏机具。严禁刀片入土。

⑤合理选择作业速度，对不同长势的作物，采用不同的作业速度。

⑥作业时避开土埂，地头留 3~5 米的机组回转地带。转移地块时，必须停止刀轴旋转。

⑦作业时，有异常响声，应立即停车检查，排除故障后方可继续作业，严禁在机具运转情况下检查机具。

⑧作业时应随时检查皮带的张紧程度，以免降低刀轴转速而影响切碎质量或加剧皮带磨损。

⑨秸秆还田机与分置式液压、悬挂机构的拖拉机（如铁牛–55拖拉机）使用，工作时应将分配器手柄置于"浮动"位置，下降还田机时不可以使用"压降"位置，以免损坏机件。下降或提升还田机时，手柄应迅速搬到"浮动"或"提升"位置，不要在"压降"或"中立"位置上停留。

31. 如何正确调整秸秆还田机？

(1) 万向节总成的正确安装

①要求十字万向节滚针轴承完好，其外端的挡片卡簧完整无损，注油嘴功能良好，方轴在方管内伸缩自由。

②将万向节带方轴部分与拖拉机动力输出轴连接，带方管部分与还田机的变速箱主轴相连，使花键配合顺贴、滑畅，并把

定位销锁紧。

③ 在还田机与拖拉机挂接时，要使与方轴、方管相固定的节头与连接还田机主轴的节头处于同一平面内，以便万向节能平稳旋转。

④ 要把车上油缸旁边的支撑杆改为刚度相当的扁铁支撑，以免影响万向节转动。

（2）主要紧固螺栓的检查

主要检查 5 处：悬挂三脚架的紧固螺栓；与变速箱壳体连接的两个轴承座的固定螺栓；定齿板架的连接螺栓；滚筒两端轴承座与机架的连接螺栓。

（3）皮带张紧度的调整

皮带调整过紧，两轴轴承容易发热，皮带和轴承寿命都会降低；过松，会引起皮带打滑，影响动力传递和作业质量。因此，皮带的张紧度要适当。

（4）润滑油的注入

除万向节轴承外，需注黄油的轴承要做好标记，按要求注油，并列入保养项目中。变速箱中加注齿轮油（也有用机油的）时，油面高度以大齿轮 1/3 高度浸入油面为宜，若有油面孔或标尺的，可按要求加油。

（5）水平调整

悬挂在拖拉机上的还田机处于作业状态时，应使滚筒和地面保持平行，以保证作业质量。这就要求横向和纵向均要水平，横向水平调整左右斜吊拉杆长度，纵向调整上悬挂拉杆长度，并把地轮调整至适当位置，使甩刀或锤爪和地面保持一定的高度，同时使万向节轴和还田机拖板处于正常的工作状态。

（6）试机

检查和调整完毕后，用撬杆转动万向节，检查有无相互碰撞、摩擦和卡滞现象。然后接合动力输出轴，使还田机在作业高度空负荷运转 5～10 分钟。停机检查各零部件（主要是变速箱和各转动轴承）有无过热现象、震动是否过大、皮带传动情况、声响有无异常等，并查找原因，及时排除。确认各部件运转状况良好后，方可进行作业。

32. 如何保养与维修秸秆还田机？

作业后及时清除刀片护罩内壁和侧板内壁上的泥土层，以防加大负荷和加剧刀片磨损。检查刀片磨损情况，必须更换刀片时，要注意保持刀轴的平衡。一般方法是，个别更换时要尽量对称更换；大量更换时要将刀片按质量分级，同一质量的刀片才可装在同一根轴上（单位质量差小于 10 克的作为一级），保持机具的动平衡。保养时应特别注意万向节十字头的润滑。齿轮箱中应加注齿轮油，添加量不允许超过油尺刻线。工作前要检查油面高度，及时放出沉淀在齿轮箱底部的脏物。一般要求作业季节结束后，清洗齿轮箱，更换润滑油。齿轮箱通气螺栓丢失时，要配用专用螺栓，不可用其他螺栓随意代替。作业结束后，清理检修整机，各轴承内要注满黄油，各部件做好防锈处理，机具不要悬挂放置，应将其放在事先垫好的物体上，停放干燥处，并放松皮带，不得以地轮为支撑点。入库存放，用木块垫起，使刀片离开地面，以防变形。

33. 秸秆还田机与拖拉机如何匹配使用？

拖拉机与秸秆还田机的匹配有两个主要参数：一是拖拉机功率要与秸秆还田机的幅宽相匹配，二是拖拉机动力输出轴转速要与还田机匹配。打齿的主要原因是还田机作业超载造成的。秸秆还田作业情况比较复杂，超载的原因主要是作业阻力过大，传动齿轮长期反复受很大的冲击力而疲劳折断。影响作业阻力的因素很多，如拖拉机动力输出轴转速过高，还田作业时土壤黏度大，硬度过高和含水量不合适等，都会使作业阻力增加。

34. 如何解决秸秆还田机的刀轴"换挡变速"问题？

通过最近十几年农作物秸秆机械还田技术的推广，秸秆还田机也在飞速发展。生产秸秆还田机的不同厂家在改进秸秆还田机的设计时，虽然采用了不同的机壳形状和刀具形式，但提高秸秆还田机刀轴的转速却是所有厂家的共同特点。

秸秆还田机刀轴的"换挡变速"是非常必要的。因为作物稀疏时，拖拉机可以高挡作业，但如果作物稠密，秸秆还田机的刀轴还以原转速工作的话，将使粉碎效果变差。此外，刀轴的换挡变速还可适应刀片状态的变化；新刀片粉碎效果好，但负荷相对比较重，适合使用低速作业；刀片磨损后，粉碎效果逐渐降低，但负荷也减轻了，使用高速不但可以提高粉碎效果，还延长了刀片的使用寿命。

推荐以江苏 720 型拖拉机匹配 4J-180 型秸秆还田机，因为前者的动力输出轴可以提供 2 个转速，即 663 转/分钟和 798 转/分钟，从而使秸秆还田机的刀轴也可以有 2 个转速，即 1 823 转/分钟和 2 195 转/分钟。通过 20 多例的实践，表明这是一个优质、高速、低耗的选择。

35. 如何保持秸秆还田机刀轴的动平衡？

秸秆还田机刀轴（装刀片）是焊合件，一般都存在较大的不平衡量，由于刀轴质量大、转速高，动平衡值的大小直接关系着整机的可靠性和使用寿命，近几年的秸秆还田机产品质量检测发现，许多产品的刀轴动平衡达不到标准要求。主要原因：一是有的企业不知道怎样把产品标准中的平衡品质等级转换成实际平衡校正中的许用不平衡量，凭经验进行动平衡校正，其内控指标远低于规定的标准要求。二是在刀轴的设计和制造过程中，动平衡问题未引起重视。三是动平衡校正不够准确，存在一定误差。

（1）刀轴动平衡值的规定

许用不平衡量的计算及两校正平面的分配。《秸秆粉碎还田机》规定："同一刀轴应安装同一质量级的刀片，刀轴与刀片装配后应按 GB/T9239 的规定进行动平衡量试验，平衡精度为 G6.3 级"。许用不平衡量要依据平衡品质等级和转子的额定工作转速，查出许用不平衡度 $Eper$，再用许用不平衡度 $Eper$ 乘以转子的总质量，得到许用不平衡量 $Uper$。刀轴许用不平衡量两校正平面的分配。因为刀轴的质心基本处于刀轴的中部，两校正平面一般与质心等距，处于刀轴的两端，按照 GB/T9239 标准的规定，两校正平面的许用不平衡量 $Uper Ⅰ$、$Uper Ⅱ$ 应取许用不平衡量 $Uper$ 的 1/2，因此，只有当两个校正平面的剩余不平衡量分别不大于许用不平衡量的 1/2 时，该刀轴的动平衡指标才算达到标准要求。

（2）刀轴在设计制造中应注意的几个问题

① 在保证作业质量的前提下，使刀片在刀轴上的排列位置尽量对称，最大限度地降低由于刀片排列方式引起的不平衡。

② 在轴头与轴管焊接时，要有工装，以保证两端轴承位置的同轴度。轴头与轴管焊合后，应以两端轴承位置定位，对轴管进行粗车，以保证轴管表面和两端轴承位置的同轴度。焊刀座时，要上工装，保证刀座销轴孔的位置在同一半径上。

③ 刀片要按质量进行分组，每组的质量差应不大于 10 克，同组刀片安装在一根刀轴上。且应保证刀片在刀座上转动灵活，无阻滞现象。

（3）动平衡校正

① 用于连接刀轴和动平衡机的连接盘，要同刀轴轴线对称，连接盘与刀轴轴头的配合间隙越小越好。最好先对连接盘进行校正，以减少对最后校正结果的影响。

② 平衡机的两支架应支承在刀轴两端的轴承位置上，使校正状态与实际状态一致。

③ 两校正平面的两边支承位置的预置尺寸要准确，在预置配重径向尺寸时，一定要考虑配重的厚度，一般取轴管的半径加上配重厚度的 1/2。

④ 加焊配重时要估算需用焊条的质量，使配重块的质量加上焊条的质量等于测量出的需加质量。

36. 如何确定麦秸秆粉碎装置的性能及影响因素？

了解秸秆粉碎装置的参数，如动刀速度、粉碎室包角、动刀与定刀间隙对小麦秸秆的粉碎功耗和粉碎合格率的影响，是在破茬播种联合作业机粉碎部件设计的基础。研究表明，在有扶禾秆起扶持作用下小麦秸秆粉碎还田装置宜选取切线速度为24 米/秒，而国内外几种主要秸秆还田机的刀端线速度多在 37 ~ 56 米/秒。

在试验范围内功耗随喂入速度、定动刀间隙的增加均呈下降趋势，而随粉碎室包角的增大而增大。合格率随喂入速度的增大而增大；定动刀间隙的增加会造成合格率下降，但很缓慢。

由于小麦秸秆属于柔软、细小的轻质类秸秆，在粉碎小麦秸秆的过程中，动刀速度的变化极小。提高动刀速度，有利于提高粉碎质量，但随着动刀速度的提高，功耗会显著增加，刀辊转矩也有增加的趋势。当动刀速度到达一定值后，刀辊转矩开始有所下降，但刀辊运转平稳性随刀速继续提高，转矩急剧变大，运转平稳性开始变差。对合格率影响明显的只有喂入速度和刀片间隙的交互影响。包角与喂入速度、间隙与喂入速度、包角与间隙，其中包角与喂入速度的交互作用对功耗的影响达到极显著水平。对秸秆粉碎装置性能的要求是：秸秆粉碎合格率在 90% 以上，功率消耗越小越好。结论如下。

① 随着喂入速度、壳体包角的增加和动刀间隙的减少，粉碎功耗增大，粉碎质量提高。

② 小麦秸秆粉碎装置的结构和运动参数宜确定为：粉碎室包角为 70°、喂入速度为 46.5 米/秒、动刀间隙为 10 毫米。

37. 玉米秸秆还田机的选购和使用要点是什么？

玉米秸秆还田机是保护性耕作的重要机具，它可以把玉米秸秆就地粉碎直接还田用作底肥，是一项省工、省力、提高地力、减轻污染的有效措施。

（1）玉米秸秆还田机的选购要点

① 选择正规厂商，选购具有"农业机械推广许可证"的产品。消费者购机时，可以从外观上，一看所购机具上是否贴有菱形的"农业机械推广许可证"标签。"农业机械推广许可证"是由农业部或者省级农业机械鉴定站在对生产企业充分考查和经产品质量检验合格后核发的，具有权威性，选购时一定要认准。二看变速箱、刀轴的轴承座等部位的紧固件是否使用高强度紧固件，这些重要部位的螺栓强度应不低于 8.8 级，螺母不低于 8 级，其上标有"8.8"和"8"的字样。若采用普通紧固件，则安全无保证。三看带传动、链传动以及传动轴等外露回转件是否配有安全防护罩，有无安全警示标志，从以往经验看，这是机具作业时易出现问题的地方。

② 索要商品发票，检查随机文件和配件是否齐全。在随机

的配件中，一定要看"三证"（使用说明书、合格证、三包凭证）是否齐全。

③ 合理选配动力，实现拖拉机动力源与作业机具的优化配置。

④ 进行试运转，观察机具运转情况和提早发现隐患。尤其是旋转刀片是否安装牢固，并注意安装方向，还要检查和调整三角带的张紧度。

（2）玉米秸秆还田机的使用要点

购机者要积极参加当地农机部门组织的各种培训。严格按照规范操作，保护人身安全。

① 作业时，先将机具提升到锤爪离地面 20～25 厘米的高度，接合动力输出轴，转动 1～2 分钟，再挂上作业挡，缓慢放松离合器踏板，同时操作液压升降调节手柄，使还田机逐步降至所需的留茬高度，随之加大油门，投入正常作业。严禁带负荷启动或启动过猛，以免损坏机件。

② 禁止锤爪打土，防止扭矩增加引起故障。

③ 机具提升和降落时应平稳，行进中严禁倒退，机组转移地块和运输时必须切断后输出动力。

④ 及时清除缠草，避开土埂、树桩等障碍物。

⑤ 严禁墒情过大时下田作业。

⑥ 作业后及时清除转动部位积物及护板内壁泥土。

38. 如何消除小麦高茬对水稻机插的影响？

小麦收获以高留茬方式，增加秸秆还田数量，逐年提高土壤有机质含量，培肥土壤，促进小麦、水稻高产、稳产，又解决秸秆焚烧问题。然而反旋灭茬机的作业效果并不理想，在其后续的平整地作业时，原来被埋入土中的麦草又被带出地表，影响了水稻的栽插。

机插秧对水田整地的要求较高，要求田平、底实、地表无残茬、泥脚较浅。另一方面要求地块平整，在平均水深 2 厘米的情况下，既要做到栽插秧苗根部在水中，使秧苗心叶不被淹没，又要求还田的秸秆不能浮在地表，以免秧苗栽插在秸秆上难以成活。同时，还要保证麦草在土壤中及时腐熟。

目前通过反旋灭茬来实现秸秆还田技术，虽然可行，但该技术和水稻机械插秧技术还不能很好地结合起来。解决问题的关键是控制整地时的茬草上浮。秸秆的起浮是由手扶拖拉机在旋耕整地时造成的，旋耕机整地的主要作用还是平地，同时也有进一步碎土的作用，那么我们可以改变旋耕机刀片形状，把旋耕机的刀片改成直旋刀，通过纵向和横向作业，就可以有效地控制旋耕机平地时麦草上浮问题，同时也可以起到碎土作用。这种方法简便易行，只需要对旋耕刀稍加改造即可完成，部件的改进过程基本不增加设备改进成本。改进后的旋耕机，可以将小麦留茬高 20 厘米、每亩有 150 千克秸秆量埋入土表以下。旋耕机的旋耕深度是 20 厘米，改进后刀片的旋耕度增加 2.5 厘米，刀片的间距是 3.5 厘米，整地后茬草全部被刀片埋入土中，成直立状，土表光滑，完全可以满足水稻机插秧的要求。

39. 不同秸秆还田量的增产效果有何不同？

麦秸麦糠覆盖还田都能明显的增加土壤的有机质，增加土壤中的氮、磷、钾含量，即增加了土壤的养分总贮量，它还可以通过间接作用改善土壤养分状况，并逐渐被分解利用。通过覆盖 100 千克、150 千克、200 千克、250 千克的不同处理分析发现，土壤有机质及土壤养分，随覆盖量的增加而增加，但处理与处理之间增加的幅度却越来越小，由此说明，覆盖量有一定限度，以

150～200 千克效果比较好，覆盖过多，不容易腐烂。据有关地区连续几年的试验表明，土壤有机质增加幅度为 0.23%～0.44%，碱解氮增加幅度为百万分之 15～256，速效磷增加幅度为百万分之 19～32，速效钾增加幅度为百万分之 445～596。覆盖 100 千克、150 千克、200 千克、250 千克的处理，其容重值随之下降，总孔隙度随覆盖量的增加而增加。从而使土壤的透水性、储水性以及通气性都有所改善。土壤容重较对照组减少的幅度 0.07%～0.13%，空隙幅度较对照组增加 4.1%～7.1%。

不同的麦秸、麦糠覆盖还田量，均能增加玉米的产量、穗粒数、千粒重。覆盖量增加，产量随之增加。说明覆盖 200 千克的处理效果最佳。另外，还有抑制杂草的作用。秸秆还田总的来说是一种平衡土壤养分，提高土壤肥力水平的重要措施之一，各个地区应根据当地的土壤轮耕制度，因地制宜地推广适合当地的最佳秸秆还田途径。在秸秆投入农田的前期，应注意合理增施氮肥，调节土壤中的 C/N 比，加速秸秆分解。

40. 不同秸秆还田模式和施氮量对农田 CO_2 排放有何影响？

农田作为一种主要的土地利用方式，也是 CO_2 排放的一个最重要的源和汇。农田 CO_2 排放通常包括土壤呼吸和作物的呼吸作用。影响土壤呼吸的因素主要有土壤有机碳水平、土地利用方式、土壤温度、土壤水分、土壤质地以及土壤中的蚯蚓种群等。秸秆还田可以很好地改善农田土壤有机碳的水平。但是，对于高氮肥施入的农田来说，由于碳和氮的互作一定程度上会影响秸秆还田的效用。

对 3 个处理 N1S0（低氮不还）、N0S2（全还）、N0S1（麦还）进行 CO_2 排放通量的季节变化进行比较。3 个处理的土壤

CO_2 排放曲线在全年变化中均呈现两个较大的峰和一个弱峰以及两个谷，三者整体的变化趋势基本一致。处理 N1S0 和 N0S2 在 3 月中旬排放量最低，而处理 N0S1 排放量虽然低但远高于前两个处理。从 4 月初到 6 月中旬，两个不施氮的处理 CO_2 排放量明显地高于施氮处理。到了玉米生长晚期（8 月份），N0S2 处理的 CO_2 排放量明显增大，而施氮和麦秸还田处理的 CO_2 排放通量趋于一致。小麦、玉米秸秆全部还田的处理（N0S2）土壤 CO_2 排放通量高达 1.80 千克/米^2，明显高于其他 2 个处理，这是由于秸秆全部还田条件下土壤碳源充足，给土壤微生物提供了足够的能源、微生物活性加强而引起的。

高氮麦还（N3S1）处理的 CO_2 排放通量明显大于其他处理，有时排放通量甚至达到 14.70 克/（米^2·天），这是因为高氮施肥促进有机质分解的同时提高了农田土壤 CO_2 的排放通量；而中氮麦还（N2S1）和低氮麦还（N1S1）处理之间 CO_2 的排放通量差别不明显，可能是因为二者的 C/N 比值比较接近，对 CO_2 释放的影响差异不明显。有研究表明，秸秆还出对低肥力土壤培肥作用效果更明显，有小麦、玉米秸秆全部还田历史的、基础肥力较高的土壤再仅以麦秸还田，会削弱其土壤微生物的生态效应。

从小麦生长季来看，N0S2（全还）处理 CO_2 年排放量为最高，而施以常规水平氮的全还处理（N2S2）CO_2 年排放量比值低了近一半。除了高氮施肥的麦还处理（N3S1）外，其他麦还处理的 CO_2 年排放量都相对较低；而玉米生长季是以 N3S1（高氮麦还）处理为最高，每年每公顷达 7.92 毫克，而全还处理（N0S2）稍低了一些，这是因为 N3S1 处理在玉米生长季小麦秸秆成为主导碳源，加之有足够的氮源（能量供应），C/N 比合适，秸秆易于腐解，微生物活性高，导致 CO_2 排放量升高。并非施氮量越高，CO_2 的排放量越多，合理的施氮在一定程度上可

以降低土壤 CO_2 的排放量；在秸秆还田量较高而不配施氮肥时，则会增加土壤 CO_2 的排放量。

在不施氮肥的条件下，小麦、玉米秸秆全部还田（N0S2）可促进土壤 CO_2 的排放，施氮水平不高时，小麦秸秆还田与不还田（中低氮处理 N0S1、N1S0、N1S1、N2S1）对土壤 CO_2 的排放影响不大，但在施氮量较高时，再加上小麦秸秆还田（高氮麦还处理 N3S1）可大大增强土壤 CO_2 的排放。由此可见，无论是偏施氮肥还是只用秸秆还田，都对土壤 CO_2 的排放具有促进与加强的作用。因此，在生产中应注重有机肥、无机肥的配施，秸秆还田要合理配施氮肥才能降低土壤 CO_2 的排放量。

41. 秸秆还田与氮肥管理对水稻养分吸收有何影响？

农作物秸秆是一种含碳丰富的能源物质，秸秆还田对保持和提高土壤肥力以及农业的可持续发展均有重要作用。

（1）对各器官氮含量的影响

秸秆还田后各器官对氮的吸收比对照（秸秆不还田）增加，叶片表现得更加明显。秸秆还田后营养器官氮素的运转率较对照有所提高，说明秸秆还田促进了叶片中氮素的运转。

（2）对各器官磷含量的影响

在抽穗期，各器官磷含量表现为茎鞘＞叶片＞穗，成熟期叶片和茎鞘的磷含量迅速下降，穗部磷含量较抽穗期有所减低的可能原因是干物质积累速度远远超过了磷积累的速度。秸秆还田后各器官磷含量比对照（秸秆不还田）增加，可能与秸秆还田使得土壤中磷含量增加有关。

（3）对各器官钾含量的影响

在抽穗期和成熟期，钾主要累积在营养器官内，穗中的钾含量却比较低，尤其是成熟期，这可能是因为作为主要代谢库的籽粒，其对 N、P 的需要量远远大于 K。钾含量的高低与施氮量相关不明显，秸秆还田后营养器官中钾含量比对照（秸秆不还田）增加，其原因可能与土壤中钾含量增加有关。

（4）秸秆还田与氮肥管理对水稻茎鞘中非结构性碳水化合物含量的影响

不同处理水稻茎鞘中非结构性碳水化合物（NSC）含量影响表现为，在抽穗期秸秆还田处理的 NSC 含量较对照高，在同一秸秆处理条件下，与农民习惯施肥法（FFP）相比，实施氮肥管理（SSNM）处理 NSC 含量增加明显；成熟时，秸秆还田处理 NSC 含量有所降低，而 SSNM 处理 NSC 含量比 FFP 略高，差异较抽穗时明显减小。以上分析说明秸秆还田与实地氮肥管理能够促进同化物的运转。

（5）秸秆还田与氮肥管理对水稻的叶粒比、糖花比及收获指数的影响

在相同氮肥管理条件下，秸秆还田后，水稻的粒叶比及收获指数有所增加，而糖花比（抽穗期单位面积植株可用性糖含量与颖花的比值）则显著性增加。在同一秸秆处理条件下，SSNM 处理的各项指标均显著地高于 FFP 处理。以上分析说明，秸秆还田与 SSNM 处理有利于库活性的增强，源库关系进一步的协调。

秸秆还田与实施氮肥管理能提高抽穗和成熟期各器官中 N、P、K 含量，使群体源、库进一步协调，增加抽穗期非结构性碳水化合物含量，减少成熟期非结构性碳水化合物含量的残留，促进同化物向籽粒运转。秸秆还田与实地氮肥管理能够提高水稻中后期，尤其是抽穗期植株对养分的吸收和积累，该技术能促进营养器官中氮素向籽粒的运转，提高养分的运用效率，与实地施肥相比较，农民习惯施肥法虽然提高了植株养分含量，但营养器官养分运转率明显降低，氮肥过量，水稻贪青晚熟，不仅增加了生产成本，而且造成氮素的潜在浪费。养分增加的可能原因：一方面秸秆还田使得土壤在生育后期能够提供足够的养分"源"，另外抽穗及籽粒灌浆后期根系活性明显增强，根系吸收利用养分的能力提高。

42. 长期秸秆还田对土壤肥力质量有何影响？

近年来，化肥的大量施用以及部分地区的粗放经营和管理，土壤肥力有下降的趋势。我国有秸秆还田培肥土壤的悠久历史。研究长期秸秆还田在我国太湖流域和江西省两区域对土壤质量的不同表现，对探明有机物质养分循环、土壤可持续利用及合理秸秆还田等方面具有重要的理论与实践意义。

（1）长期秸秆还田对土壤养分的影响

单施化肥和化肥与秸秆配施处理的养分较不施肥的对照处理（CK）有增加的趋势。单施化肥和化肥与秸秆配施可以显著提高土壤全 N 含量。化肥与秸秆配施处理与单施化肥处理相比，土壤全 N 含量有所提高。

单施化肥和化肥与秸秆配施可以明显提高土壤全 P 含量。单施化肥和化肥与秸秆配施处理，土壤全 K 含量有增加的趋势，但各处理之间的差异不显著，表明单施化肥和化肥与秸秆配施均不能明显提高土壤全 K 含量。

化肥与秸秆配施下，土壤有效态养分也发生了明显变化。化肥与秸秆配施或单施化肥均可显著提高土壤速效态养分含量。

（2）长期秸秆还田对土壤有机质的影响

化肥与秸秆配施处理的有机质含量较 CK 和单施化肥处理有显著增加的趋势。说明无论是乌栅土壤还是红壤性水稻土，化肥与秸秆配施可以明显增加土壤中的有机质。

（3）长期秸秆还田对土壤腐殖酸各组分 C 的影响

单施化肥和化肥与秸秆配施处理不仅增加土壤有机质含量，

而且改变了土壤腐殖酸组分。表明化肥与秸秆配施可以明显增加土壤腐殖酸 C 含量。此外，对于两种土壤的胡敏酸 C，施肥处理比 CK 高，且化肥与秸秆配施处理又比单施化肥处理高。秸秆还田不仅提高了土壤腐殖质的含量，而且提高了土壤腐殖质的品质。众所周知，土壤腐殖质在改善土壤理化性状、保持土壤肥力、提高肥料利用率和促进植物生长等方面都具有重要的作用，因此土壤腐殖质含量的提高与其品质的改善，对实际的农业生产具有非常重要的意义。

化肥与秸秆配施增加了乌栅土和红壤性水稻土的养分含量。N 肥与秸秆配施后，不仅促进了秸秆矿化，增加了土壤养分，而且肥料 N 利用率明显提高。长期施用秸秆能够明显提高土壤有机质含量，增加土壤肥力，进而有利于土壤的可持续利用。因为作物秸秆富含纤维素、木质素等富 C 物质，它是形成土壤有机质的主要来源。秸秆分解释放 CO_2，形成土壤微生物体、固持或矿化释放无机 N，最终形成土壤有机质。秸秆与化肥配施，改变了土壤腐殖酸组分，胡敏酸与富里酸的比例比单施化肥土壤明显提高，表明秸秆还田后土壤腐殖质品质得以显著改善。秸秆还田可以明显提高土壤腐殖质品质。秸秆还田可以有效保持农田系统内部的物质、能量的良性循环，以维持作物高产，减轻作物对外部能量、物质的依赖，形成一个稳定的、自循环程度较高的生产系统，有利于农业的可持续发展。

43. 稻麦两熟制不同耕作方式与秸秆还田对小麦产量和品质有何影响？

稻麦两熟地区广泛采用了少免耕技术，以及以少免耕为主，定期或不定期耕翻的轮耕技术，有效地解决了单一耕作存在的问题。近几年机收和机耕的普及才使秸秆直接还田面积越来越大。目前，各地区都在探索适合本地区情况的秸秆直接还田模式与技术。不同的还田方式要与一定的耕作技术相配合，与一定的农机相配套。

（1）不同耕作方式与秸秆还田对小麦植株生长的影响

测定结果表明，CTS（翻耕秸秆还田）和 CT（翻耕秸秆不还田）两处理的小麦株高明显高于 NTS（免耕套播秸秆覆盖）和 NTH（免耕套播高茬）处理。大田 CTS 和 NTS 处理小麦受冻较重，其株高分别略低于 CT 和 NTH 处理，网室冻害较轻，株高以 CTS 最高。NTS 和 NTH 两处理的基部节间较短，穗下节间长度占株高比例较大，基部节间的降低和穗下节间增长，能进一步提高小麦的抗倒能力，但 NTS 和 NTH 穗长变短，差异未达显著水平。2003 和 2004 两年度基本有同样的趋势。

（2）不同耕作方式与秸秆还田对小麦产量的影响

3 年的试验结果表明，大田试验第一年 NTS 与 CT 的小麦产量无明显差异，但随着连续免耕时间的延长，稻田水绵严重，影响套种小麦出苗，NTS 和 NTH 处理产量明显降低，三年平均，NTS 比 CT 降低 7.27%，达显著水平，因而必须改变播种方式或轮耕；秸秆覆盖还田对麦季的产量有增有减，增产效果不明显。网室中有同样趋势，但差异未达显著水平，实际产量 NTS 较低，CT 处理较高。CTS 比 CT 平均减产 1% 左右，未达到显著水平。

（3）不同耕作方式与秸秆还田对小麦品质的影响

不同耕作处理对小麦品质有一定的影响。从耕作方式看，大田试验 NTS 和 NTH 两处理小麦容重比 CT 低，但硬度也明显较低，出粉率提高，可改善小麦的加工品质；NTS 和 NTH 两处理蛋白质含量、湿面筋含量和沉淀值比 CTS 和 CT 明显降低，影响小麦的营养和加工品质，这可能与土壤氮素供应有关。网室与大田试验结果基本一致，但 NTS 和 NTH 两处理的蛋白质和湿面筋含量与 CT 处理无明显差异。说明土壤肥力对小麦的营养品质影响不大。从秸秆还田方面看，小麦容重 CTS 比 CT 低，NTS 也比

NTH 略低，出粉率、蛋白质含量、湿面筋含量和沉淀值有提高趋势，秸秆还田有利于中强筋小麦品质的改善。因此，必须根据专用小麦品质的要求，结合不同耕作栽培方式的土壤供肥特点，合理进行肥料运筹，以达到高产优质。

（4）不同耕作方式与秸秆还田对小麦淀粉 RVA 参数的影响

供试小麦品种为扬麦 11 号，是适于制作面条的中筋专用小麦。由表 5 可知，稀懈值以 NTS 和 NTH 较低，CTS 与 CT、NTS 与 NTH 相比，峰值黏度和稀懈值有下降趋势。这在一定程度上说明免耕和秸秆覆盖还田可使中筋小麦的面条品质降低。

小麦高产优质既取决于遗传因素，又依赖于良好的环境条件。免耕秸秆覆盖会降低冬小麦的出苗率，早衰现象严重，影响小麦产量。在大面积生产上，掌握适宜播量，提高基本苗，采取相应的栽培技术，免耕套种与秸秆覆盖的小麦也能获得较高产量，尤其比翻耕迟播麦增产显著，且节本省工，培肥改土，避免秸秆田间焚烧造成的环境污染，具有较好的经济和生态效益。免耕套种与秸秆覆盖还田使小麦容重降低，而出粉率不低，可能与免耕小麦的硬度明显降低有关，使小麦的加工品质改善。因此，免耕套种有可能导致中强筋小麦营养和加工品质的降低，可更适合于弱筋小麦的栽培，改善弱筋小麦的加工品质。而秸秆覆盖还田可提高蛋白质和湿面筋含量，有利于改善中强筋专用小麦的品质。从小麦淀粉糊化特性看，免耕和秸秆覆盖还田峰值黏度和稀懈值有下降趋势，使中筋小麦的面条品质降低。

44. 墒沟埋草还田技术要点是什么？

墒沟埋草（秸秆）还田技术是指，依据农业生态学和生态经济学的原理，将传统积肥方法与现代农机作业和农艺措施有机结合起来，在水田中开沟填埋秸秆，充分利用高温季节的田间农艺活动，促进土壤微生物对秸秆的有效分解，并利用腐熟秸秆施肥，以达到秸秆还田培肥之目的的整套作业技术。墒沟埋草还田技术要点如下。

（1）适宜的还田量和周期

秸秆还田量既要能够维持和逐步提高土壤有机质含量，又要适可而止，以本田秸秆还田为宜。为避免田块在同一点面上秸秆重复还田，要每隔一年，埋草的墒沟均顺次移动 20～25 厘米，保证 4～5 年完成一个秸秆还田周期。

（2）适宜的填草和覆土时间

墒沟埋草还田要尽量做到边收割边耕埋。刚刚收获的秸秆含水较多，及时耕埋有利腐解。墒沟填放秸秆后，要及时镇压覆土，以消除秸秆造成的土壤架空。

（3）埋草深度和旋耕深度

麦秸填埋深度 20 厘米左右对苗期生长影响不大。开沟机开沟深度 20～25 厘米，旋耕机耕深 7～10 厘米，完全能满足小麦秸秆沟埋的需要。

（4）合理施用氮肥

微生物在分解作物秸秆时，需要吸收一定的氮营养自身，造成微生物与作物争氮，影响苗期生长，加之农田自身缺氮，所以机械化墒沟埋草还田时一定要补充氮肥。一般每 100 千克秸秆掺入 1 千克左右的纯氮。

（5）调控土壤水分

为避免秸秆腐烂过程中产生过多的有机酸，应浅水勤灌，干湿交替，在保持土壤湿润的条件下，力争改善土壤通气状况。

45. 秸秆反应堆应用技术有哪些要领？

根据含水量的多少，秸秆堆沤还田可分为两大类：一是沤肥还田。如果水分较多，物料在淹水（或污泥、污水）条件下发酵，就是沤肥的过程。沤肥是兼气性常温发酵，在全国各地尤其是南方较为普遍。秸秆沤肥制作简便，选址要求不严，田边地头、房前屋后均可沤制。但沤肥肥水流失、渗漏严重，在雨季更是如此，对水体和周边环境造成污染。同时，由于沤肥水分含量多，又比较污浊，用其做腐熟有机肥料使用较为不便。二是堆肥还田。把秸秆堆放在地表或坑池中，并保持适量的水分，经过一定时间的堆积发酵生成腐熟的有机肥料，该过程就是堆肥。秸秆堆沤，伴随有机物的分解会释放大量的热量，沤堆温度升高，一般可达 $60 \sim 70 ℃$。秸秆腐熟矿化，释放出的营养成分可满足作物生长的需求。同时，高温将杀灭各种对作物生长有害的寄生虫卵、病原菌、害虫以及杂草种子等。秸秆沤肥发酵也有利于降解消除对作物有毒害作用的有机酸类、多酚类以及对植物生长有抑制作用的物质等，保障了有机腐熟肥的使用安全。

① 秸秆堆沤需要人为调控碳氮比，碳：氮以（20 ~ 30）：1 最适宜。在秸秆堆沤时，应适当加入人畜粪尿等含氮量较高的有机物质或适量的氮素化肥，把其碳氮比调节到适宜的范围内，以利于微生物繁殖和活动，缩短堆肥时间。化肥调节使用较多的是尿素和硫铵。

② 水分含量过高，形成厌氧环境，好氧菌繁殖受到抑制，容易产生堆腐臭和养分损失。水分含量过低也会抑制微生物活性，使分解过程减慢。最适宜的水分含量在 60% 左右，用手使劲攥湿润过的秸秆，有湿润感但没有水滴出，基本可以确定为水分含量适宜。空气条件同样影响微生物活性。氧气不足，影响微生物对秸秆的氧化分解过程。良好的好氧环境能够维持微生物的呼吸，加快秸秆的堆沤腐熟过程。但如果沤堆的疏松通气性过大，容易引起水分蒸发，形成过度干燥条件，也会抑制微生物的活性。较为适宜的秸秆沤堆容积比为固体 40%、气体 30%、水分 30%。最

佳容重判定值应保持在500~700千克/米³的范围。秸秆的粗细程度与空气条件有直接关系。铡切较短的秸秆，微生物繁殖速度和秸秆腐熟进度较快，秸秆熟化的均匀度较高。但秸秆铡切过短，会减少物料间的空隙，沤堆中通透性恶化，导致好氧微生物活性和数量降低，分解速度慢，产生堆腐臭。一般秸秆铡切长短以不小于5厘米较为适宜。

③ 秸秆堆沤腐熟微生物活动需要的适宜温度为40~65℃。保持堆肥温度55~65℃一周左右，可促使高温性微生物强烈分解有机物；然后维持堆肥温度40~50℃，以利于纤维素分解，促进氨化作用和养分的释放。在碳氮比、水分、空气和粒径大小等均处于适宜状态的情况下，微生物的活动就能使沤堆中心温度保持在60℃左右，使秸秆快速熟化，并能高温杀灭堆沤物中的病原菌和杂草种子。

④ 大部分微生物适合在中性或微碱性（pH值6~8）条件下活动。秸秆堆沤必要时要加入相当于其重量2%~3%的石灰或草木灰调节其pH值。加入石灰或草木灰还可破坏秸秆表面的蜡质层，加快腐熟进程。也可加入一些磷矿粉、钾钙肥和窑灰钾肥等用于调节堆沤秸秆的pH值。

46. 秸秆生物反应堆技术有哪些操作要点？

秸秆生物反应堆技术的核心内容是秸秆资源的高效肥料化利用，核心技术是在生物菌剂作用下的秸秆快速腐熟技术。其技术原理是：农作物吸收二氧化碳和水，通过光合作用生成秸秆等生物质；秸秆通过加入微生物菌种、催化剂和净化剂，在通氧（空气）条件下，被重新分解为二氧化碳、有机质、矿物质、非金属物质，并产生一定的热量和大量的抗病虫的菌孢子，继之通过一定的农艺设施把这些生成物提供给农作物，可有效改善土壤结构、土壤墒情、减少病虫为害，促使农作物更好地生长发育。

（1）内置式秸秆生物反应堆技术要点

内置式秸秆生物反应堆一是指把反应堆置于土壤中，在生物菌种的作用下，通过好氧发酵，为农作物提供各种营养物质和热量等。其技术要点，一是科学处理菌种，二是标准化建造和应用。为了接种均匀，菌种在使用前必须进行预处理，方法是：按 1 千克菌种掺 20 千克麦麸、18 千克水的比例，先把菌种和麦麸干着拌匀，再加水拌匀，堆积 4~5 小时就可使用。如当天用不完，应堆放于室内或阴凉处，降温防热，第二天继续使用。一般存放时间不宜超过 3 天。

内置式反应堆操作时要切实做到"三足、一露、三不宜"。"三足"：秸秆用量足，菌种用量足，第一次浇水足。"一露"：内置沟两端秸秆要露出茬头。"三不宜"：开沟不宜过深，覆土不宜过厚，打孔不宜过晚。菌种用量按每吨秸秆用 1 千克菌种的标准测算。不同内置式反应堆每亩菌种用量为：行下内置式和行间内置式 6~8 千克，穴中内置式和追加内置式 4~5 千克。

（2）外置式秸秆生物反应堆技术要点

外置式秸秆生物反应堆是指把反应堆建于地表，通过气、液、渣的综合应用实现其增产作用。由三部分组成：① 反应系统，包括秸秆、菌种、盖膜、氧气、隔离层等。② 贮存系统，包括贮气池、贮液池等。③交换系统，包括输气道、交换机底座、交换机、输气带、进气孔等。

（3）综合技术要点

一是贮气池建造。二是菌种预处理。三是启动。四是"三用"，即综合利用反应堆的"气"、"液"、"渣"。五是"三补"，即及时向反应堆补气、补水、补料（包括秸秆和菌种）。菌种预处理与内置式完全相同。

47. 如何判定秸秆堆肥腐熟程度?

(1) 物理特性判定法

秸秆堆沤腐熟程度,主要基于颜色、形状、气味、水分含量、堆沤温度、堆沤时间、翻倒次数和通气措施等要素进行判定。

(2) 堆沤温度判定法

分别测定料堆 30 ~ 50 厘米深和 70 ~ 90 厘米深的温度。每日测定,翻堆后温度没有上升,可以判定秸秆已经腐熟。需要注意的是,翻堆时水分过多或过少以及料堆过小等都会影响堆沤中的温度升高。

(3) 硝态氮含量判定法

塑料瓶中加 100 毫升纯水,再加堆沤料约 50 克,用手振荡数回后,静置 10 分钟;将硝酸离子试纸浸入上清液,观察试纸颜色,如果显色指示硝态氮生成,可以判定秸秆已经腐熟。

(4) 蚯蚓判定法

在塑料容器中装 1/3 左右的堆沤物,并加水使其含水量达到 60% ~ 70%;将蚯蚓放入容器中,用黑布遮光或在遮光室内放置,室温保持 20 ~ 25℃,一天之后观察蚯蚓的行动和色调。蚯蚓放入容器后要逃避,并在放置一天后死亡,判定此堆沤秸秆处于未腐熟状态;蚯蚓放入容器后多少有些不安,放置一天后色泽发生变化、行动迟缓,判定此堆沤秸秆处于中度腐熟状态;蚯蚓放入容器后很快钻入堆沤物中,放置一天后没有发生变化,活动有力,判定此堆沤秸秆已完全腐熟。在过分潮湿的堆沤物中,短时间内蚯蚓会认为是降雨所至,有逃离的行动。因此用蚯蚓判定堆沤物腐熟程度,需要特别注意控制好水分条件。此外,蚯蚓喜好中性和弱酸性环境,在用蚯蚓判定秸秆腐熟程度的同时,可用 pH 试纸测定堆沤秸秆的酸碱度。

48. 如何打赢秸秆切碎还田攻坚战？

在秸秆切碎还田工作中，淮安市的做法受到国务院有关部门的肯定和重视，其中在组织领导、宣传发动、机具准备、技术支撑等方面的做法，可以集中提炼为"九保"。

一是明确路线保实施。针对全市秸秆发电、沼气、编织和基质等综合利用率不足一成的现状，根据秸秆禁烧要求，积极寻找突破口，通过深入调研、积极引进和改造切碎装置，探索和确定了适应淮安当地情况的秸秆还田技术路线，破解了困扰政府和农民的禁烧难题，在全市范围内第一年实行秸秆全量切碎还田，并相应明确机械化作业路径，即机械化收割—机械化切碎—旱旋还田（旱作物播种）或放水泡田—大中拖水旋还田—水稻机械化插秧。

二是农机补贴保重点。在购机补贴政策的许可范围内，调整了大中拖、秸秆还田机、插秧机三种主推机具的补贴计划。各类资金重点投入农民急需的作业机具。同时积极向上争取，对内挖潜，2012 年全市争取省级秸秆综合利用示范县、推进县项目省补资金 2 860 万元，位列全省第二；各县（区）也不断加大对秸秆切碎还田机具的补贴力度，地方财政仅用于对秸秆切碎装置的补贴资金就超过 1 000 万元。

三是强化宣传保氛围。广大农户和机手是秸秆还田工作的主体，农民的认识是否到位是工作能否顺利开展的关键。从 5 月初开始，全市各级农机部门就通过发放宣传资料、出动宣传车、"小手拉大手"等多种多样的宣传方式，使广大农民群众充分认识到，秸秆还田绝不仅仅是各级领导干部的工作要求，而是改善生态环境、提升生活质量的客观需要；进入 6 月麦收期间，利用部门协作，联合市、县（区）各类新闻媒体，做到电视天天有字幕、报纸天天有专栏、广播天天有声音，发布各类信息，印发宣传资料，在全市上下形成秸秆禁烧、切碎还田和综合利用的浓烈氛围。

四是内引外联保机具。全市农机部门按照各级党委、政府的部署与要求，举全系统之力，全力以赴抓好机械化切碎还田的攻坚战。4 月份开始，市、县农机推广部门放弃休息，积极联系省内外有关秸秆切碎装置生产厂家和供应商，协调调度秸秆切碎还田机具，加快秸秆切碎装置投放市场速度。在县（区）财政对每台切碎装置补贴 300 ~ 450 元政策的引导下，全市新增秸秆切碎装置近 10 000 台，基本满足了秸秆切碎还田的需求。同时加强机具调度，开展南北县（区）互助式的秸秆切碎还田跨区作业支援，组织农机手或农机服务组织与农户签订作业合同，确保及时作业。

五是推行联保保责任。对于参加机械化收割服务的机手与被服务的农户就秸秆切碎实行双向责任联保，即机手在为农户作业后，必须与农户签订"三麦机械化收割及秸秆切碎还田、堆积联系卡"，并随机携带，以便鉴别和倒查焚烧秸秆责任，从而实现了联保对象、作业标准和联保责任早明确，构建了秸秆禁烧及综合利用工作责任倒查机制，规范作业行为。同时，继续发放农机作业明白卡和给机手的一封信，做到作业标准明白、奖惩措施明白、管理范围明白，要求作业中机手驾驶证、行驶证、跨区作业证（参加跨区服务的）必须齐全，严格按照操作规程作业，严禁疲劳驾驶，严禁机手带病作业。

六是提高门槛保质量。秸秆收获是秸秆禁烧和综合利用工作的"第一关"，各级农机部门从收获入手，明确要求所有机手作业时做到"低留茬，碎秸秆"，即所有机械收割的留茬高度一律控制在 15 厘米以下，所有符合条件的全喂入式收割机原则上均要求安装秸秆切碎装置，并实施秸秆切碎作业；所有半喂入式联合收割机必须启用秸秆切碎装置（农户要求秸秆综合利用的除外）。对其实施情况，农机部门组织了专门力量，分组分区域不间断开展动态检查，不合要求的，立即整改。

七是优化服务保成效。市县联动，农机、农业部门共同成立秸秆还田技术指导市级和县级专家组，大忙期间 24 小时待命，保证提供及时指导；调度技术骨干力量，分片包干、进镇到村开展技术指导，对农机大户、种田大户和农机社会化服务组织进行重点跟踪指导。积极组织管理人员、农机技术人员、农机大户、农机手、科技示范户和农户的培训。

八是构建网络保落实。市县联动建立了"三夏"大忙季节农机服务组织网络，即机械化收割和秸秆切碎还田工作领导小组、技术指导组、作业保障组、县区督查组和信息宣传组，形成了主要领导靠前指挥，分管领导亲自过问，全系统通力合作，各部门分工明确的工作氛围，为全市秸秆切碎还田和综合利用工作的顺利推进提供支撑。同时积极探索推广秸秆机械化还田服务新模式，鼓励服务组织、农机大户、农户购置秸秆还田机械进行有偿服务，推行机收、秸秆还田、机插秧等"一条龙"订单作业服务，最大限度地提高机具利用率，扩大作业面积，提高秸秆还田等农业机械的使用效率和效益。

九是政府行政保推动。政府推动是全市秸秆还田水平迅速提高的主要原因，市委市政府分别召开全市秸秆禁烧及秸秆还田综合利用现场会，参会人员现场观摩秸秆切碎抛撒还田作业、水田秸秆还田作业及旱地反选灭茬作业。为推动秸秆综合利用，方便秸秆的收储和运输，市农机、公安、交通、城管等部门联合发放秸秆运输绿色通行证，在适当超限范围内避免机手因超限运输秸秆而受处罚，保证了秸秆运输的通畅。全市各级农机部门以建设国家级生态市、生态县（区）为目标，以农机大户和农机合作组织为实施主体，规范秸秆切碎还田动力装置和配套机具补贴，加速秸秆还田和水稻机插秧的技术集成，积极为秸秆还田和综合利用提供农机技术和装备支撑，务实加强秸秆还田和综合利用示范县、推进县建设，从而进一步稳固了秸秆还田在秸秆综合利用中的主渠道作用。常年秸秆还田面积保持在 420 万亩左右，还田率超过 50%，超额完成了省定秸秆综合利用示范县、推进县建设目标。

49. 如何推动秸秆还田技术与机插秧技术集成运用？

近年来，江苏省重点推广秸秆还田与水稻机插秧技术集成，淮安市的做法尤其值得借鉴。该市水稻机插秧推广工作以市政府三年规划为指导，以增机提率为核心，以整体推进为抓手，以优化服务为手段，采取倒逼机制，全力培植典型，推进保姆式服务，水稻机插秧技术与机具推广进程明显加快。

2012 年该市插秧机具推广、水稻机插面积、组织化程度和合作服务水平均创历史之最。全市插秧机保有量首超 13 000 台，机插面积突破 240 万亩，合同作业面积达到 125 万亩。同时该市利用省级秸秆还田及综合利用项目资金超过 3 000 万元，在 6 个主要农业项目县（区）内实现秸秆全量还田面积 210 万亩，其中集成机插秧面积 130 多万亩，集成率超过 50%。通过分别召开全市秸秆还田工作现场推进会和麦秸秆还田与水稻机插秧技术集成创新演示会，受到基层干部、机手和农户的热烈欢迎。该市在麦收期间以建设生态淮安为目标，以农机大户和农机合作组织为实施主体，规范秸秆切碎还田动力装置和配套机具的补贴，加速秸秆还田和水稻机插秧的技术集成。通过创新思路，落实责任，强势推进，全市秸秆还田率达到 50%，农机手对秸秆还田技术路线，操作要领等知晓率达 90% 以上，全面超额完成了秸秆综合利用示范县、推进县建设目标，连续 3 年把还田率稳定在江苏省人大《决定》要求的目标之上。

一是深入宣传发动。各地都充分利用广播、电视、报纸、网络等媒体以及通过组织召开现场会、农机科技入户、致农民公开信、"小手拉大手"、开展咨询服务等多种形式的活动深入田头加大宣传力度。全市通过开展农机政策、科技、服务"三下乡"活动，广泛宣传秸秆低留茬和切碎还田的技术要领，宣传机插秧的各项支农惠农政策，宣传直播种植方式可能存在的风险和对粮食安全的危害；利用农机科技入户工程，把秸秆还田新装备和新技术普及到千家万户；依托农机信息网络平台，向机手提供农机作业时间、面积、价格、机具需求、作业质量要求等信息服务；通过印发"公开信"、"明白卡"以及出动流动农机宣传车等形式，开展广泛深入的社会宣传，努力营造发展机插秧和推广秸秆机械化还田技术的浓烈氛围。全市累计开展现场演示会 23 场次，印发宣传材料 231 340 份，通过新闻媒体宣传 110 余次。

二是扎实开展培训。抓住时机，紧扣农时，积极组织开展多层次和不同形式的培训。为了使机插秧发展有技术支撑，市、县、乡农机部门共举办 31 期机插秧技术培训班，培训农机技术人员 238 人次和农民 3 317 人次，给机插秧工作的推广和后期栽培服务奠定了人才基础。每年 6 月 10 日前各示范县和推进县完成了对示范区内的管理人员、农机技术人员、农机大户、农机手、科技示范户和农户的轮训，广大基层干部群众对秸秆还田工作的认知和接纳程度进一步得到提高。

三是致力机具准备。针对我市秸秆切碎装置和还田机械现有存量刚性约束大的特点，积极做好三麦收获以及秸秆切碎还田动力与配套机具的测算，主动与农机生产企业和供应商对接，不断规范秸秆切碎和综合利用适用机具的推广和选购。继续实施作业机械跨省市合理引进，利用我市三麦收割的时间差，开展南北县（区）互助式的跨区作业支援，组织农机手或农机服务组织与农户签订作业协议，做好机具检修、作业用油及零配件供应等各项准备工作。

　　根据江苏省委、省政府提出"2016 年苏北地区要基本实现水稻种植机械化"的目标，市政府办公室出台了《淮安市水稻机插秧发展规划及 2010～2012 年度发展计划》，明确对县（区）机插秧推广实行"倒逼"机制。同时，经过积极争取，市财政再次拿出资金用于机插秧推广。金湖县瞄准 2011 年建成机插秧示范县目标，采取四项措施，机插秧面积首次超过 25 万亩。一是落实补贴政策。购置插秧机在省级财政每台补贴 7 000 元的基础上，县、乡财政分别再给予 2 000 元/台和 1 000 元/台的补贴，充分挖掘农民和农机服务组织对插秧机的消费潜力。全县 2011 年新增插秧机 533 台，占全市净增幅的 35.7%；二是落实作业面积。以示范村、示范方、示范点为抓手，推进机插秧面积的落实；三是落实服务措施。县农机部门组织 4 个服务组，深入镇村开展培训 22 期，培训机插秧技术人员及农户 1 320 人次；维修保养插秧机 800 台次，解决故障 200 多起，为夏种工作打下扎实的基础；四是落实育秧面积。全县 11 个镇共计落实秧池田 2 500 多亩，购置育秧软盘 325 万张。农机、农技人员包片到组，指导到田头，手把手指导农户育秧。

　　四是做好跟踪督查。该市建立了水稻机插秧推广工作进度周报制度、分片督查制度和定期分析进度、预测形势制度，按序时进度开展分片督查。全市重点把好收割低留茬和秸秆切碎两个重要环节的跟踪督查，把好秸秆禁烧和机械化切碎还田第一关。对已收获并秸秆切碎的田块，指导和督促实施秸秆还田；对正在收获和尚未收获的田块，把好 15 厘米以下低留茬收割和秸秆切碎关；对留茬高度和秸秆切碎不符合作业标准的，农机管理部门将责令机手免费重新机械灭茬；对经说服教育仍不改正的，本地机手收回跨区作业证和优先加油卡，外地机手责令其离开当地作业市场。

三、秸秆固化成型技术

50. 什么是秸秆固化成型技术？

秸秆成型技术是指通过将秸秆粉碎成松散细碎料，在一定条件下，挤压成质地致密、形状规则的成型燃料。在物料进入成型设备之前，还可以在物料中加入黏结剂，提高成型效果，或加入碱性物质，用来中和颗粒燃烧过程中产生的磨酸性物质，减轻燃烧过程中对锅炉的腐蚀。原料挤压成型后，密度达到 0.8～1.2 吨/米³ 时，能量密度与中质煤相当。秸秆成型燃料的燃烧特性明显改善，挥发少，黑烟少；火力持久，炉膛温度高；可直接利用电厂输煤、给煤设备，无须双燃料供应系统；耐贮存，运输、使用方便。秸秆成型燃料燃烧速度比煤快，灰尘及其他指标的排放都比煤低，可实现 CO_2、SO_2 的减排。

成型燃料一般有颗粒状和棒状。颗粒状燃料由模辊挤压式生产。通常为直径 8～10 毫米，长度 20～30 毫米的圆柱体。一般用于家庭取暖等小型锅炉。

由于秸秆成型燃料含硫量低，西方发达国家使用量较大，我国生产的大部分成型燃料均出口西方发达国家。棒状燃料体积较大，通常用活塞挤压方式生产，直径在 80～150 毫米，一般作锅炉的燃料。

秸秆压缩成型技术的诞生消除了秸秆规模化应用高贮运成本的"瓶颈"问题，使秸秆资源进入商业市场，具有了经济性、实用性基础，可以使现有秸秆废弃物得以有效利用，农业增效，农民增收；使农村生活用能质量提高，改变农村面貌。通过秸秆压缩燃料的使用，缓解能源紧张的程度，提高能源消费中清洁能源的比例，改善大气环境，减少 CO_2 排放；因此，秸秆压缩成型技术将对生物质能应用领域及相关产业带来巨大影响。

51. 秸秆固化成型燃料技术现状与前景如何？

秸秆燃料的特点：一是环保节能。以农村的玉米秸秆、小麦秸秆、棉秆、稻草、树枝、花生壳、玉米芯等废弃物为原料。二是比重大，燃烧时间长。秸秆经粉碎加工压密成型，密度加大。成型产品的体积相当于原秸秆的 1/30。大大延长了秸秆燃烧时间，是同重量秸秆的 10～15 倍。三是热值高。秸秆燃烧是在高温挤压下，不完全碳化的过程中成型的。成型产品比原秸秆的热值提高 500～1 000 卡。四是体积缩小便于燃烧、贮存和运输。五是应用广泛，可以代替木柴、液化气等。广泛用于生活炉灶、取暖炉、热水锅炉、工业锅炉等，是国内新型的环保清洁可再生能源。

（1）秸秆固化技术现状

国外生物质固化成型燃料技术研究始于 20 世纪 30 年代，英国、美国、德国、日本等国相继研究了稻草、甘蔗渣、棉秆等秸秆燃料。近几年，由于异氰酸脂胶黏剂燃料生产中的应用，促进了秸秆燃料的发展。我国生物质秸秆成型技术研究开发始于 20 世纪 80 年代。设备向小型化、移动化方向发展，推动了固化成型颗粒燃料的规模化生产和产业化应用。

（2）秸秆固化成型燃料的特点

秸秆固化成型，体积缩小了 6～15 倍，降低了运输费用，提高了容积、热值和燃烧性能。据测算，燃煤比秸秆固化燃料成本高 130～200 元/吨；一台小型成型机一天可以生产固化燃料 6 吨，可以解决一个村庄的秸秆问题。通过试验，1.38 吨秸秆固化成型燃料相当于 1 吨煤热值;同量的秸秆固化燃料与煤燃烧比较:从 10℃升高到 60℃,煤需要 120 分钟,供暖 360 户 3 700 米² 的楼盘,室温保持在 17~19℃;秸秆固化成型燃料,从 10℃升高到 60℃只需 75 分钟,之后每 2 分钟升温 1℃,直到 70℃标限,室温达到 18~20℃。

成型后的颗粒燃料,比重大、体积小、耐燃烧,便于贮存和运输;热值可达 13 395~25 116 焦/千克,是高挥发固体燃料。秸秆燃料是先进的工业技术与再生资源相结合制造的产品,秸秆成型后的颗粒燃料是一种新型的生物能源,它可替代木柴、原煤、燃油、液化气等,广泛用于取暖、生活炉灶、热水锅炉以及工业锅炉和生物质发电等。

(3)市场应用前景

秸秆固化成型燃料是可再生的、清洁的、无公害生物质能源。它仅次于煤炭、石油、天然气,居世界能源消费的第四位。秸秆固化成型燃料清洁卫生,价格低廉,易燃烧,其 1.38 吨固化成型燃料相当于 1 吨标煤的热值;加热升温比煤炭快,炉渣少,易清理。因此,秸秆固化成型燃料是煤炭、液化气及传统秸秆很好的替代能源,具有广阔的市场发展前景。

52. 秸秆成型燃料加工有哪三种加工工艺?

(1)热成型技术

秸秆热压成型就是以秸秆的木质素为黏结剂,纤维素为"骨架",在 200℃左右的温度下使物料中的木质素软化,同时通过高压将物料挤压成棒料。热成型加工工艺由干燥、粉碎、加热、压缩、冷却过程组成,螺杆挤压成型机对粉料含水率有严格要求,必须控制在 8%~12%,以防高压蒸汽喷出,影响设备正常运转。

（2）冷成型技术

冷成型技术是指在常温下，通过特殊的挤压方式，使粉碎的生物质纤维结构相互镶嵌包裹，同时由于摩擦挤压产热作用导致部分木质素软化黏结成型。冷成型技术的工艺只需粉碎和压缩两个环节，与热成型技术相比，具有原料实用性广、设备系统简单、体积小、重量轻、价格低、可移动性强、颗粒成型能耗低、成本低等优点。冷成型又分为 Highzones 技术、SDBF 技术、EcoTre System 技术。

① Highzones 技术，又称生物质常温固化技术，是把秸秆、杂草、灌木枝条乃至果壳果皮等农林废弃物在常温下压缩成热值达 11.9 ～18.8 兆焦的高密度燃料棒或颗粒，成为燃烧方式、热值均接近煤炭却基本无污染物排放的高品位清洁能源。

② SDBF 技术，是在一定的温度和压力作用下，将各类分散的、没有一定形状的秸秆经干燥、粉碎后压制成规则的、密度较大的棒状、块状或颗粒状等成型燃料，从而提高其运输和贮存能力，改善秸秆燃烧性能，提高利用效率，扩大应用范围。

③ EcoTre System 技术，是意大利研究开发的新型木质颗粒制粒生产系统。这种制粒方法能耗很低（比传统工艺方法减少 60%～70%），而且机器磨损也大大减少，总成本降低很多。颗粒成品的质量价格与煤相当，可望从根本上取代燃煤。

（3）炭化成型技术

炭化成型技术是将生物质成型燃料经干燥后，置于炭化设备中，在缺氧条件下闷烧，即可得到机制木炭的技术。炭化后的原料在挤压成型后维持既定形状的能力较差，贮存、运输和使用时容易开裂或破碎，所以采用炭化成型技术时，一般都要加入一定量的黏结剂，在我国则采用植物纤维和碱法草浆原生墨液、腐殖酸钠渣等作复合黏结剂。在消烟助燃剂方面，研究最多的是钡剂，钡剂不仅可消烟助燃，还可降低 SO_2 等有害物质的排放。

53. 秸秆成型燃料加工有哪三种常用加工技术?

(1) 螺旋挤压成型技术

螺旋挤压成型技术是目前生产成型燃料常用的技术，尤其是以机制炭为最终产品的用户，大都选用螺旋挤压成型机。物料由进料口进入，落到锥形螺旋推进器直径较大的一端，由螺杆旋转推动，向直径较小的一端移动，并进入压缩管，最后从压缩管的一端出来，形成棒状成型燃料。

优点：一是成品密度高。以木屑、稻壳、麦秸等为原料，国内生产的几种螺旋挤压成型机加工的成型密度都在 1.1～1.4 吨/米³。二是成品质量好、热值高，更适合再加工成为炭化燃料。

缺点：一是产量低。目前国产设备的最高台时产量不到 150 千克/小时，距离规模化生产的产量要求相差较大。二是能耗高。粉料在螺旋挤压成型前先要经过电加温预热，挤压成型过程的电耗就在（90 千瓦·时）/吨以上。三是易损件寿命短。国产设备主要工作部件螺杆的最高寿命不超过 500 小时，距离国际先进水平 1 000 小时以上还有不小的差距。四是原料要求苛刻。一般要将原料含水率控制在 8%～12%，所以对有的物料要进行预干燥处理，增加了加工成本。

(2) 活塞冲压技术

这种技术的优点是成型密度较大，允许物料水分高达 20% 左右。但因为是油缸往复运动，间歇成型，生产率不高，产品质量不太稳定，不适宜炭化。活塞式的成型模腔容易磨损，一般 100 小时要修 1 次，有的含 SiO_2 少的生物质材料可维持 300 小时。

工作原理：物料落入活塞腔中，由活塞推动向较细的一端移动，经压缩管压缩成型，由出料口出料。

(3) 辊模挤压技术

生物质颗粒燃料的辊模挤压成型技术是在颗粒饲料生产技术基础上发展起来的。一般不需要外部加热，依靠物料挤压成型时产生的摩擦热即可使物料软化和黏合。对原料的含水率要求较宽，一般在 10% ~ 18% 均能成型。其成型最佳水分为 16% 左右。相比于螺旋挤压和活塞冲压而言，辊模挤压成型法对物料的适应性最好。该技术又可分为环模挤压和平模挤压两种。

① 环模挤压成型技术工作原理：压辊轴固定不动，环模旋转，环模腔内的物料被压辊挤压出环模并成型，再由切刀切下。

② 平模挤压成型技术优点如下。

一是原料适应性广。平模颗粒成型机压制室空间较大，可采用大直径压辊，产量达到 2 吨/小时以上。

二是吨料耗电低。一方面，平模颗粒成型机由于压制室空间大、压辊直径大的原因，能将较大粒度的原料制成颗粒，从而克服环模挤压成型机和螺旋式挤压成型机在这方面的局限，从而减少物料在粉碎工段的能耗。

三是辊模寿命长。使用寿命已达 1 000 小时左右，达到了国际先进水平。

四是成型密度可调。由于采用液压技术，压辊和平模之间的工作间隙和压力可以调节，操作简单、省时。

54. 平模压块成型技术要点有哪些？

秸秆能够被挤压成型，必须满足其所需的苛刻外部条件，如合适的压力、湿度及温度等。平模压辊型秸秆压块成型设备相对简单，制造成本较低。平模压辊型秸秆压块成型机采用水平圆盘压模与压辊挤压秸秆成型，整个秸秆压块成型过程细化为四个阶段，分别是：

①将秸秆由平模盘压入模孔。在辊轮作用下，蓬松的秸秆从平模盘上被压进模孔上部的圆锥形孔内。

②秸秆在模孔上部弹性变形。进入模孔中的秸秆越来越多，彼此相互挤压，秸秆粒子不断填入原来粒子之间的空隙，秸秆粒子位置不断更新，秸秆产生形变。

③秸秆在模孔中部塑性变形成块。秸秆受到的压力继续增加，进一步被挤压，在压力最大方向上不断延展产生位移，并与模孔内壁间产生摩擦，在巨大摩擦力作用下，秸秆温度迅速升高，秸秆中的木质素不断软化、液化，秸秆粒子间产生粘合力，秸秆逐渐被挤压成型。

④秸秆在模孔中下部固化成型出料。秸秆压块成型过程中会产生内应力，在内应力的作用下秸秆块黏合得不很稳定，在此阶段，成型秸秆块消除内应力，保型出料。

模板的孔环面积比、模孔长径比等成为决定压块成型效果的重要因素。平模孔盘结构设计时，应尽量增加平模盘上模孔的面积，以减少在平模盘面形成秸秆块的可能。将模孔面积与半模盘面积之比定义为孔环比（§），模孔可获得最大孔环比。秸秆本身携带泥土和沙粒等硬质颗粒，因此压块成型设备的平模盘及模孔工作在高压多粉尘等恶劣环境下，磨损严重。为了提高平模盘利用率，将其设计为正反对称结构，两面使用。

秸秆在模孔中要完成整个成型过程，必须产生高温软化木质素。秸秆与模孔内表面摩擦可升温，但要达到高温，需要秸秆粒子在模孔中相对运动一定距离。长度为 77 厘米、80 厘米的模套能达到比较好的成型效果。

节约能源，创造可再生生物资源的技术，已经是一个国际性话题，利用秸秆原料作为燃料的技术在近些年得到迅速的发展。通过对秸秆压块成型技术研究并加以应用，将改善成型设备的性能，提高成型设备生产效率，促进其产业化进程。

55. 适应于压模辊压式技术的加工机械有哪些？

我国应用最广泛的压模辊压式颗粒成型机有环模颗粒成型机和平模颗粒成型机等。

（1）环模颗粒成型机

该机型采用环形压模和与其相配的圆柱形压辊为主要工作部件，因其压模轴线为水平布置，故常称卧轴环模颗粒成型机。它主要由料斗、螺旋供料器、搅拌器、模辊压制室、电机及减速传动装置等组成。原料在配料仓内加入黏结剂，并由配料仓内的抄板进行搅拌混合、调湿处理，随后螺旋供料器将物料喂入压制室制粒。在压制室内，进料刮板将调质好的物料均匀地分配到模、辊之间。由压模通过模、辊间的物料及其间的摩擦力使压辊自转不公转，由于模、辊的旋转，将模、辊间的物料嵌入、挤压，最后成条柱状从模孔中被连续挤出来，再由安装在压模外面的固定切刀切成一定长度的颗粒燃料。

（2）平模颗粒成型机

该机型采用水平圆盘压模及与其相配的压辊为主要工作部件，又称为立轴平模颗粒成型机。其结构主要有料斗、螺旋供料器、模辊压制室、电机及传动装置。由螺旋供料器将物料输送喂入模辊压制室，原料进入压制室后，在压辊作用下挤入平模成形孔，压成条柱状从平模的下边挤出，切刀将条柱切割成粒，排出机体外。

（3）环模颗粒成型机与平模颗粒成型机的比较

环模颗粒成型机与平模颗粒成型机相比，在结构、工作原理和过程等方面有许多相似之处，如供料器等结构基本相同，也是采用模辊挤压的方式。但两者之间又存在一些差异，具体如下。

① 模辊径向线速度。环模的辊与模内径接触点在同圆周上，

故线速度相同；而平模压辊是绕着平模圆板中心回转，则平模径向各接触点（即压辊轴向）的线速度是不同的，这将影响成品的均匀性，并造成模、辊各部位磨损不均。故平模和环模的圆周速度有所差异，平模一般为 2~5 米/秒，环模为 4~8 米/秒。

② 压辊数及其直径。环模受环模内径的限制，而平模内腔受限制较少。平模颗粒成型机压辊数一般为 2~4 只，而环模一般为 2~3 只，对 2 只压辊的环模，辊、模直径之比为 0.4~0.47。

③ 攫取角（钳角）和功耗。环模的攫取角比平模大，即环模挤压时间长，压出颗粒密度大，在挤压过程中环模功耗多，压出的颗粒质量好。

④ 传动方式。环模是主动，压辊是随动。

⑤ 平模机型较大（产量超过 300 千克/小时）时，由于压辊两端与平模相对线速度的差异，物料较难在压膜上均匀分布，使辊轮的磨损不均匀，但使用锥形压辊可以避免这一问题；平模机一般很难产生 40 兆帕以上的挤压力，所以多用于生产颗粒密度较低的饲料和秸秆成型燃料。

56. 适用于螺旋挤压式技术的加工机械有哪些？

（1）锥形螺杆挤压成型机

该机型采用锥形螺杆，匹配单孔（直径为 98 毫米）或多孔（直径为 28 毫米）模具。粉碎的秸秆等生物质原料在旋转的锥形螺杆作用下，压入压缩室，然后由锥形螺杆挤压头挤入模具，通过模具孔挤出，切刀将成品切成一定长度的成型棒。这种成型机最主要的缺点是螺旋头和模具的磨损严重，维修费用高昂。

（2）双螺杆挤压成型机

该机型采用两个相互啮合的变螺距螺杆，成型套为"8"字形结构，两个变螺距螺杆相互作用，将原料挤压成型。在压缩过程中，由于摩擦生热使得秸秆等生物质原料在机器内干燥，生成的蒸汽从蒸汽逸出口逸出，原料粒度可在 30~80 毫米变化，水分含量可高达30%，可省去干燥装置。这种机型可压缩含水率较高的物料，因此与压缩干物料相比需要大型的电机，能耗较高。

（3）外部加热螺旋式成型机

该机型主要由驱动机、传动部件、进料机构、压缩螺杆、成型套筒和电气控制等部分组成。在成型筒外绕有电热丝，使筒温保持在250~300℃。工作时将粉碎的原料经干燥后，从料斗连续喂入，经进料口进入机筒，螺杆转速约为600转/分，原料在螺杆的旋转推动下，不断向前输送，由于强烈的剪切、混合搅拌和摩擦产生大量热量而使物料温度逐渐升高，在到达压缩区（机筒前端的锥形区）前，物料被部分压缩，密度增加，被消耗的能量用于克服微粒的摩擦；在压缩区，物料在较高温度（200~250℃）下变得相对柔软，在压力作用下，颗粒间的接触面积进一步增加，形成架桥和连锁，物料开始黏结。中空成型棒料经导向槽，由切断机切成设定尺寸的短棒。

该机型可将原料加工成方形、六边形或八边形的成型燃料；模具采用外部电加热的方式；成型压力的大小随原料和所要求成型燃料密度的不同而异。但是，该机型要求将原料的含水率控制在8%~12%。另外工作环境很差，使压缩螺杆和成型套筒磨损严重。

（4）成型机的试运转

① 成型机使用前仔细检查螺杆、成型套筒的装配情况，保证螺杆旋转灵活自如。

② 螺旋挤压式成型机的负荷程度对产量和可靠性有很大影响。

③ 由于压缩螺杆和成型套筒在高温和高压下工作，机筒和螺杆磨损严重。因此，试运转工作应保证螺杆与成型套筒良好磨合，

以延长部件使用寿命。原料含水率和成型压力的控制。要求控制原料的含水率，一般在 8% ~ 12%。成型压力的选取应随原料和所要求成型燃料密度而定，压力一般应在 50 ~ 100 兆帕。

（5）工作部件的使用和维护

① 螺杆的使用和维护：螺杆最前端的一个螺距起到主要的固体成型作用，因此该部位往往磨损严重。使用磨损后，应拆卸螺杆，对最前端螺距部位进行处理。

② 套筒的使用和维护：因为在螺杆套筒压缩工作中，随着压缩区段截面的减小，阻力增加，压缩区段的内壁磨损严重，使内壁粗糙度降低，从而阻力减小。磨损后因套筒工作面是内孔，采用堆焊、喷焊工艺等不好修复。

57. 适用于活塞冲压技术的加工机械有哪些？

一类是用发动机或电动机通过机械传动驱动成型的，即机械驱动活塞冲压式成型机；另一类是用液压机构驱动的，即液压驱动活塞冲压式成型机。

（1）机械驱动活塞冲压式成型机

典型的机械驱动活塞冲压式成型机的结构由成型筒、料斗、套筒、飞轮和电机组成。由电机带动飞轮转动，利用飞轮贮存的能量，通过曲柄连杆机构，带动活塞作高速往返运动，产生冲压力将生物质固体成型。与国外的成型机相比，国内生产的该类成型机的生产率普遍偏低。

这种成型机存在的主要问题是由于存在较大的振动负荷，一方面造成机器运行稳定性差，另一方面噪声较大，工作人员易疲劳。另外，还存在润滑污染较严重等问题。

（2）液压驱动活塞冲压式成型机

液压驱动活塞冲压式成型机是利用液压油缸所提供的压力，

带动冲压活塞使秸秆等生物质原料冲压成型。其运行稳定性得到极大的改善，而且产生的噪声也很小，明显改善了操作环境。此外，液压驱动活塞冲压式成型机对原料的含水率要求不高，允许原料含水率可高达 20% 左右。液压驱动设计比较成熟，运行平稳，油温便于控制，体积小，驱动力大，一般当产品外径为 8~10 厘米时，生产率就可达到 1 吨/小时；机械驱动式生产能力大，生产率可达 0.7 吨/小时，产品密度大，但振动和噪声大，没有液压式平稳。

（3）成型机的使用与维护

① 成型机使用前仔细检查活塞、成型套筒的装配状况，保证活塞往复运动灵活自如。液压式成型机还要保证管路密封通畅，机械式应保证飞轮转向正确，无卡紧现象。

② 活塞冲压式成型机的负荷程度对产量和可靠性都有很大的影响。启动机器时，应保证处于空载状态下运行。工作初始，投料宜少，均匀喂入，待工作一段时间后，电机负荷平稳地下降，方可适当增加喂入量直至饱和喂料。

③ 在工作时，应保证活塞冲压动力平衡，机械式活塞冲压机还应确保冲头与曲柄连杆机构配合良好，以免引起机器振动和噪声过大。

58. 如何加快推进秸秆固化成型技术推广？

加快推进农作物秸秆综合利用，是防止环境污染、节约利用资源、发展循环经济、实现节能减排的重要途径，也是推进生态建设、发展集体经济、增加农民收入的重要举措。淮安市是农业大市，农作物秸秆资源十分丰富，每年产量 420 万吨左右。近年来，该市在秸秆禁烧、禁抛以及秸秆还田和综合利用工作中取得一定成效，但总体而言，仍然存在综合利用率低、转化产业链短和布局不合理等问题，特别是水稻秸秆，量大、秆粗、还田难，多渠道综合利用是其必然选择。秸秆固化成型技术普遍适用于水稻、玉米等多种秸秆，适应当地"夏季突出还田，秋季主攻利用"的秸秆综合利用基本思路，符合该市"一麦一稻"为主的农作物秸秆产出规律。为加快全市农作物秸秆综合利用步伐，该市主要采取了五项措施。

一是强化组织领导。推进秸秆固化成型利用，是兼顾经济、社会、生态等各方面效益的公益性工作，必须坚持政府主导。特别是在起步阶段，其试验、示范和推广工作必须依靠坚强的组织保障和有力的行政推动。为此，市政府成立以分管领导为组长，分管秘书长为副组长，市发改委、农委、环保、国土、公安、交通、电力、金融、农机等部门主要负责同志为成员的工作领导小组。领导小组下设办公室，由市政府分管秘书长兼任办公室主任。各县（区）政府作为秸秆"双禁"和综合利用的责任主体，也成立相应的组织领导和工作机构，把秸秆固化成型利用作为发展循环经济、建设生态市的一项重要内容摆上议事日程，认真抓好规划制定和措施落实，确保全市秸秆固化成型利用目标的实现。

二是落实扶持措施。为加速推进秸秆固化成型利用工作，吸引更多的经纪人和能人大户从事这项工作，必须制定和落实一系列扶持政策。要本着集中力量办大事的原则，科学调度和切实用好国家和省有关项目资金。各级财政部门加大对秸秆固化成型利用工作的扶持力度，市级财政安排专项资金用于考核奖补。各县（区）把秸秆固化成型利用工作经费列入同级财政预算，整合使用和统筹管理相关项目和资金，正在实施的省财政秸秆还田推进县、示范县项目资金优先用于秸秆固化成型的推广应用。加强调查研究，积极协调供电部门对线路增容、专变架设和用电价格等有关问题会商解决。鼓励金融机构对秸秆固化成型利用给予信贷支持，通过项目贷款贴息等措施，引导商业性金融机构加大对秸秆固化成型项目的信贷支持力度。各级党委政府务必切实重视秸秆固化成型加工点的布局规划、场地选择和建设工作，会同国土部门采取土地流转、租售结合等形式，对秸秆固化成型加工点的建设用地、秸秆收贮堆场用地给予支持。

三是优化运行机制。全市秸秆固化成型加工点建设坚持"政府主导、市场引导、政策扶持、龙头企业牵头、合作组织主办、群众广泛参与"的原则，大力推行"龙头企业＋合作社＋经纪人＋大户"的运作模式，通过利益纽带，强化企业、大户、经纪人、市场之间的连接机制，鼓励龙头企业独资经营，支持龙头企业与合作社股份合作，大胆尝试设备租赁。重视建立加工点集中储草与收草经纪人分散储草相结合的秸秆供应机制，选择纳入国家推广目录和补贴目录的品牌设备进入各加工点。积极示范推广秸秆汽化炉，加速推进秸秆固化成型产品的本地化、就近化、家庭化利用。

四是科学选址布局。秸秆固化成型加工点选址的基本要求是近路、靠水、通电、进村。按照1万亩农田面积建设1个秸秆加工点的基本要求，科学规划，合理布局。每个加工点占地面积应在10亩左右；距离民房100米以上；靠近水源且配备必要的消防设施；交通便捷，方便20吨以上货车进出；加工点周边150米左右范围内配备100千瓦变压器（按照每个加工点2套设备同时工作测算）；每个加工点所覆盖行政村的年秸秆供应量应确保在4 000吨以上。

五是实施考核奖励。"建成400个秸秆固化成型示范点"已经写入《十二五秸秆综合利用规划》，被列为市委、市政府重点工作的督查范围和全市实施蓝天工程改善大气环境的重要内容。市财政部门安排秸秆固化成型利用工作专项考核奖补资金和工作经费，会同农机等部门对加工点建设情况组织考核验收，对符合建设标准、年产量超过1 000吨、安全生产无事故的加工点给予专项奖补。

59. 县域开展秸秆固化成型技术推广有哪些成功经验？

江苏省盱眙县农业以稻麦轮作为主，年种植稻麦面积160余万亩，年产稻麦秸秆近80万吨。近两年来，在秸秆综合利用上，该县重点推广"1＋X"的综合利用模式，即在做好秸秆机械化还田工作的同时积极探索其他多种利用途径。由江苏国绿生物质能源有限公司实施的秸秆固化成型加工示范点建设作为秸秆综合利用方面的主要途径，2009年开始，在11个镇投资建设20个秸秆固化成型加工点，新上了30条生产线，每天收集草量达500吨。

（1）确立一个思路——小麦秸秆还田，水稻秸秆加工

经过多年的示范和推广，该县夏季的小麦秸秆已基本上实现全覆盖机械化还田；而秋季的水稻秸秆受还田机械不配套、秸秆草量大、秋播时间紧、农村劳动力缺乏等四大制约因素的影响，造成大量的秸秆无法及时运出田间。每到秋收季节，镇村干部都要死看硬守，干部累、群众怨，干群关系受到伤害。他们痛下决心，一定要解决好疏堵不对称问题。针对此种现象，通过组织相关部门多次外出考察学习并结合洪泽实际情况，最终确定了全县以秸秆固化成型为主抓手，兼顾其他多种利用渠道，最终全面解决秋季秸秆出路的思路。围绕这个思路，该县于2010年6月出台了激励秸秆综合利用的文件，鼓励各镇各部门加强以固化成型为重点的秸秆综合利用工作的招商力度，为实现秸秆综合利用工作新突破打下了坚实基础。

（2）抓住一个关键——选好投资主体，明确帮办责任

思路明确以后，关键就是要选择一个有能力、有信誉、有眼光、有决心的"四有"投资和运作的主体。经过多方联系，江苏国绿生物质能源有限公司独具慧眼，对该县秸秆加工利用项目情有独钟。该公司是一家专门从事农作物秸秆能源化的民营企业，一直从事城市和农村废弃物的开发利用、组织和实施工作，获有 11 项国家使用发明专利。公司高层领导多次考察、调研、商谈，在多方座谈，广泛征求意见的基础上，共同确定了"一年示范、二年推进、三年覆盖"的工作思路。县里明确农机部门作为秸秆固化成型项目牵头帮办主体，在加工点的选址、经纪人的选择、村干部的配合、具体问题的协调上，全程、全方位跟踪服务，把客商的事当成自己的事来办，客商在与不在一样。2010 年该公司在盱眙县桂五、黄花塘等镇建成 22 条生产线，争取 3 年全面建成 45 个加工点，做到全覆盖。

（3）创新一套机制——协调五方联动，各方都有收益

在固化成型项目实施过程中，他们逐步探索出一套"农户将秸秆集中堆放 + 经纪人上门或到田头收运秸秆 + 公司投资建厂加工秸秆 + 镇村组织干部联动禁烧秸秆 + 电厂收购消化秸秆"的五方联动、利益共享的管理运行机制。在秸秆收割前，事先告知农户保底收购价每吨不低于 160 元，每亩地可收入 60 ~ 80 元；经纪人将秸秆收购运到加工点，除保证每吨不低于 20 元的利润外，年终按照运到加工点的草量，每吨另外奖励 10 元；行政村在加大禁烧工作力度的同时，参与加工厂的协调管理，秸秆利用率达 60%，奖励 2 万元，每增加 10%，奖金增加 1 万元；投资企业利润每吨不低于 40 元；电厂以秸秆代煤节约支出，又减少 CO_2 排放量。

（4）开创一个先例——秸秆加工整县推进、固化成型全面覆盖

通过一年的努力，在全县初步形成"农户 + 专业户 + 加工厂 + 电厂"的秸秆利用产业链，全县加工秸秆将达到 15 万吨。目前，各镇已将 45 个秸秆加工厂布点方案全部落实到位。对于新建的加工点，县财政将予以资金补贴，建一个补一个，补贴资金由村委会以股份的名义投入加工点建设。同时为鼓励和推动投资方生产的积极性，该县在全力提供 101% 高效帮办服务的同时，整合发改委、科技局、农委等各方资源，主动帮助企业申报国家、省有关秸秆综合利用产业政策项目，帮助企业做大做强秸秆固化成型产业化项目。

60. 秸秆固化成型加工点选址有哪些标准和要求？

① 交通便捷，靠近主要交通干线（公路、铁路、水路），有供 15 吨以上（9.6 米）车辆进出的道路，方便原料进厂和成品出厂。

② 周边农作物种植集中、便于收集。对年产 4 000 吨以上的加工点，周边原料供应面积不少于 2 万亩；年产 2 000 吨以上的，周边原料供应面积不少于 1 万亩；年产 1 000 吨以上的，周边原料供应面积不少于 0.5 万亩。

③ 地势平坦、稍高，地质坚硬，避开可能受到水淹或发生滑坡、塌方的地域。

④ 靠近水源，以满足生产、生活和消防用水的需要。

⑤ 距离民宅在 500 米以上，且避开可能存在的易燃易爆点。

⑥ 充分利用荒地或闲置土地，有条件的尽可能利用原有闲置的场地、厂房和草站。

⑦ 距离高压线水平距离应保持在 300 米以上。

⑧ 生产加工区域以矩形为宜，占地面积视生产线数量及年生产能力而定，一般为 3 ~ 10 亩。

61. 秸秆固化成型加工点建设有哪些注意事项？

（1）秸秆压块生产工艺
原料—输送上料—原料切碎—输送上料—去铁—压制成型—输送出料—自然风干—计量包装—检验入库—成品。

（2）设备选型原则

总体要求是技术上先进、经济上合理，进入推广目录。同时考虑以下因素：设备的可靠性、安全耐用性、工艺成套性、节能环保性、维修经济性、生产效率和产品质量的稳定性等，重点参数包括压模更换方便程度，设备连续作业时间、故障频率以及地区适应性。设备制造企业的技术服务能力、"三包"服务水平、企业信誉和年产量等。

（3）生产能力确定

应根据原料供应情况、产品的利用方式及销售渠道而定。对以商品销售为主的企业，可确定为 2 000～5 000吨/年。对以自用为主的兼少量销售的企业，可确定为 1 000～2 000吨/年。

（4）设备

按生产能力选择配套设备。常规生产模式包括抓草机、铡草切碎机、压块机、压块输送机或铲车、地磅及供电成套设备。其中，变压器功率选择参数为：

$$变压器总功率 P = （P_1 + P_2）×110\%$$

P_1—铡草切碎机功率（喂料功率、主机功率、输送功率）；

P_2—压块设备功率（上料出料功率、主机功率）。

（5）定员

以一条流水线日运转 8 小时为依据进行测算。年产量 3 000吨以上的加工点，定员 8 人左右；年产量 1 000～3 000吨的加工点，定员 6 人左右。

（6）厂房

面积视规模而定，常规在 1 200 米^2 以上，厂房下弦高不少于 5 米，水泥地面，砖混或钢架结构。厂房为四面墙封闭式或三面墙半开放式或一面墙开放式的简易厂房。生产加工区要防雨雪、防风，照明设备能保证雨雪天或夜晚正常生产。

（7） 库房

年产量 4 000 吨以上规模的成品库房面积应不少于 400 米^2，地面硬化，高于库外地面 200 毫米以上；年产量 1 000 吨规模以上的成品库房面积不少于 100 米^2。对于简易型库房，须保证通风、防雨、防潮、防晒、防水淹。

（8） 场地

年产量 4 000 吨以上的，切碎暂存场地硬化面积不少于 500 米^2，切碎后晾晒场地不少于 1 500 米^2（按每平方米可放秸秆 10 千克考虑），地面应高于周围地面 200 毫米以上。原料和粉碎后碎料的堆放区均需设置排水沟。

（9） 功能区分布

原料堆放区与生产区、生活办公区要分开，中间有一定距离，原料堆放区在生产区的上风区，生活办公区在生产区的下风区。

（10） 其他

原料应分堆堆放，四面通风，注意防雨雪和防火，放草处配置必要的供水管道、贮水设施（如配有水桶）和消防系统；附近有水塘或防火井。原料需满足基本生产需要，堆放时间不要过长，成品应及时运出，长期堆放易腐烂和自燃。

62. 秸秆成型机操作有哪些注意事项？

近年来，秸秆成型机作为秸秆综合利用的关键设备，受到了青睐，但目前该类产品均是饲料压制成型嫁接技术，由于秸秆成型机理的特殊性，该类机具在使用原料、机器调整上均有较高要求，否则不能达到较好的成型效果。如果生产厂家在使用说明书中不加以说明或者不对用户进行专业培训，用户使用秸秆成型机还是容易出问题，这些年出现的一些投诉就是因为用户没有很好地掌握操作要领，厂家没有明示操作规范而引起的。建议生产企业在使用说明书中要详细明示操作规范，包括物料的制备、操作顺序、设备调整保养等，指导用户正确使用。

① 操作人员使用前应先阅读设备使用说明书，了解设备的工作原理、结构、操作维护以及安全注意事项，经过技术培训合格后，方可上岗操作。

② 秸秆压制成型前须先进行切碎（粉碎、揉丝）至使用说明书中规定长度，纯小麦秸秆效果不佳，若进行麦秸秆压制时须加入不低于 30% 的稻秸秆、玉米秸秆或其他易于成型的物料。切碎（粉碎、揉丝）机应由生产厂配备或在其指导下选配，否则会影响秸秆成型效果。

③ 为保证机器成型效果，物料切碎（粉碎、揉丝）或成型前须检查物料含水率情况，物料含水率须在 15% ~ 25%，若含水率过高，则须晾干至符合要求；如含水率过低则在物料上均匀适量喷水，混匀并堆放 8 小时以上再检查含水率情况，直至符合含水率要求方可进行作业。

④ 机器作业前，操作者应做好防尘措施，戴好防尘罩和穿好长袖工作服进行有效防尘，并做好防护措施，集中精力操作机器，如发现异常应立即切断电源，排除故障后方可继续作业。

⑤ 作业前应先进行检查：物料、机器内部是否有硬物混入，并及时清理；控制柜和电动机接线是否安全合理可靠，是否有效接地；压轮与压辊间隙是否在规定范围内，并及时进行调整。

⑥ 对有加热功能的成型设备，作业时首先按下电加热开关，对模具进行加热，待温度达到预定温度（根据原料不同，温度一般在 80 ~ 200℃），空车运转 2 ~ 3 分钟，待电机运转正常后，再启动上料输送机。

⑦ 开始喂料时要均匀连续地进料，不要时多时少。在上料过程中要目视控制柜上的电流表，尽量使电流稳定在电机规定的

额定电流之内（即 37.7 ~ 45 安，在电压正常的情况下），使投料量与电机负荷相一致，防止超负荷工作，以免物料堵塞或烧坏电机。

⑧ 成型机因堵塞不能转动时，严禁强行启动电机，待料仓内的物料清除干净后方可重新启动电机。

⑨ 结束工作停机前，为使下一次机器作业模孔正常出料，准备 30 千克左右的物料，均匀喷洒水使其含水率在 25% ~ 40%，倒入料箱压制，直到出散料为止。

⑩ 停机。停止投料，空转 2 ~ 3 分钟，待将机内的剩余物料全部挤出后，关掉电机运转开关。

⑪ 停机后，检查各模孔是否通畅，便于下一次作业，并按使用说明书规定进行维护保养。

四、秸秆发电技术

63. 发展秸秆发电技术有何重大意义？

① 发展秸秆发电，符合中国可再生能源的发展方向，是重要的可再生能源利用方式。近年来，由于石化能源的紧张，严重影响和波及工业、农业、交通运输以及人民生活等各个方面，导致国民经济整体运行成本的增加，严重影响经济的持续健康稳定发展。用清洁可再生能源替代煤炭、石油，调整能源结构，是中国近期的重要任务，而利用风能、生物质能等可再生能源发电，正是能源结构调整最主要的方向。在中国生物质总资源量中，秸秆资源占有一半，因此，秸秆发电对中国的发展意义重大。

② 发展秸秆发电有利于建设社会主义新农村，能够促进农民增收、农村经济发展和实现农村奔小康社会。以秸秆为燃料的发电厂选址都是在秸秆相对集中的农村地区，按照"十一五"期间国家生物质发电装机将达到 550 万千瓦时，设备年利用按 5 500 小时计算消耗秸秆 3 000 万吨/年以上，可以为农民带来 100 亿元以上的收入，"十一五"期间，需要建设规模为 25 兆瓦的电厂大约 220 座，可以为 18 万人提供就业机会，同时，秸秆燃料的收贮、运营工作也给农村带来了新的就业岗位，实现就地转移农村剩余劳动力，秸秆发电的发展可以带动电厂周边的基础设施建设，由于发电厂持续稳定地消耗秸秆，能够源源不断地为农村提供经济支持，使农村经济得以持续稳定的发展，有利于进一步缩小城乡差距。

③ 发展秸秆发电，有利于保护环境。由于秸秆含硫量很低，且低温燃烧产生的氮氧化物较少，与火电相比，秸秆发电可以大大减少 SO_2 和 CO_2 的排放，是国际上发达国家普遍推行的清洁发展机制（CDM）项目，装机容量为 12 兆瓦的生物质发电机组每年可减排 17.8 万吨 CO_2 排放量，可大幅度降低全球温室气体排放。秸秆发电能够有效解决农村秸秆露天堆放、焚烧带来的一系列污染和消防安全等问题，有助于建设"整洁村容"的社会主义新农村。秸秆发电技术已被联合国列为重点项目予以推广。欧洲许多国家已经建成多个秸秆直燃发电厂，其中丹麦的秸秆发电等可再生能源已占该国能源消耗总量的 24%。

64. 什么是秸秆直接燃烧发电技术？

秸秆直接燃烧发电技术是将秸秆直接送往锅炉中燃烧产生高温高压蒸汽推动蒸汽轮机做功发电，具有结构简单、投资省、易于大型化等优点。目前，在国内主要推广的是秸秆直接燃烧发电技术。与常规的燃煤电站相比，秸秆电站的汽机成套设备与常规燃煤电站的汽机成套设备几乎没有差别，其关键技术是秸秆燃烧技术。秸秆的燃烧过程大致可以分为水分的析出阶段、挥发分的析出并着火阶段、焦炭的燃烧、燃尽四个阶段。秸秆具有水分和挥发分较高，灰分、热值、灰熔点较低等特点。由于秸秆中碱金属含量较高，某些秸秆如稻草中的氯离子含量较高，增加了烟气对受热面的腐蚀速度。用于秸秆发电的燃烧技术主要有水冷式振动炉床燃烧技术和循环流化床燃烧技术。

① 水冷式振动炉床燃烧技术是丹麦 BWE 公司开发的主要用于燃烧生物质的燃烧技术。流程是秸秆通过螺旋进料机输送到第 1 级固定炉排上，秸秆中挥发分首先析出，由炉排上方的热空气点燃。秸秆焦炭由于秸秆连续给料产生的压力移动到固定炉排的

上方，在振动炉排上进行燃烧。秸秆焦炭由于炉排的不断振动而不断移动位置燃烧，炉排的振动间隔时间可以根据蒸汽的压力、温度等进行调节。灰斗位于振动炉排的末端，燃尽的秸秆灰经过水冷室后排出。燃烧产生的高温烟气依次经过位于炉膛上方的2级过热器（SH2）、烟道中的3级过热器（SH3）和1级过热器（SH1），再经过尾部烟道的省煤器和空预器后经除尘排入大气。水冷式振动炉床采用振动炉排，减小秸秆在炉排上分布的不均匀性。秸秆燃烧后灰量较小，采用水冷可以保护炉排不被烧坏；尾部的过热器采用3级和竖直烟道中的分开布置可以有效降低碱金属等对受热面的腐蚀。

② 循环流化床燃烧技术是一种先进的燃烧技术，也可用于秸秆的燃烧。循环流化床一般由炉膛、高温旋风分离器、返料器、换热器等几部分组成。流化床密相区的床料温度在800℃左右，热容量较高，即使秸秆的水分高达50% ~60%进入炉膛后也能稳定燃烧，加上密相区内燃料与空气接触良好，扰动剧烈，燃烧效率较高。流化床燃烧技术具有布风均匀、燃料与空气接触混合良好、SO_2、NO_2排放少等优点，更适应燃烧水分高、低热值的秸秆。目前，秸秆的流化床燃烧技术已经工业化，美国爱达荷能源产品公司已生产出燃秸秆的生物质流化床锅炉，蒸汽出力为4.5 ~50 吨/小时，供热锅炉出力为$1.06 \times 10^7 \sim 1.32 \times 10^8$ 千焦/小时。

65. 什么是秸秆—煤混合燃烧发电技术？

（1）秸秆和煤在组成上的不同

生物质秸秆和煤在组成和特性（如发热量）等方面存在明显的差异。秸秆的挥发和氧含量远高于煤，而灰分和碳含量（特别是固体碳含量）远低于煤，其热值也小于煤。

（2）秸秆—煤混合燃料的优势

① 生物质秸秆资源丰富，而且分布广泛。我国是一个农业大国，每年生产的生物质秸秆量超过 6 亿吨，除去 40% 作为饲料、肥料和工业原料，还有 60% 可用作能源开发，大约折合 2.1 亿吨标准煤。

② 可以提高生物质秸秆的燃烧效率。煤粉发电燃烧率高，达到 35% 以上，生物质秸秆与煤共燃，可以借用其高效率的优点。

③ 生物质秸秆-煤共燃技术简单易行，可以利用现役燃煤电厂而无需大量投资。生物质秸秆价格相对较低，大量使用可以降低燃料成本。

④ 降低有害气体排放，有利于保护环境。生物质秸秆燃烧低碳、低氮，在与煤粉共燃时可以降低电厂废气中 SO_2 和 NO_2 的含量，生物质秸秆燃烧被看做 CO_2 零排放，所以，采用生物质秸秆-煤共燃技术，是现役燃煤电厂降低 CO_2 排放量的有效措施之一。

66. 什么是秸秆（包括谷壳）汽化发电技术？

秸秆汽化发电技术是在一定条件的压力和温度下，使秸秆与 O_2/H_2O 发生汽化反应，产生 CO、H_2、CH_4 等高品位的燃料气，这些可燃气体净化后送往燃气轮机，利用燃料气推动内燃机或燃气轮机发电。秸秆汽化发电技术具有废气排量小、发电效率高等优点，既能解决生物质秸秆燃烧率低、分布分散的缺点，又可以充分发挥燃气发电设备结构紧凑、污染少的优点。所以，汽化发电是生物质秸秆最有效、最洁净的利用方式之一。

生物质秸秆汽化发电工艺主要包括三个方面：一是生物质秸秆汽化，在汽化炉中生物质秸秆转化为气体燃料；二是气体净化，汽化后的燃气都含有一定的杂质，包括灰焦炭和焦油等，需经过净化系统把杂质除去，以保证燃气发电设备的正常运行；三是燃气发电，利用内燃机或燃气轮机进行发电。生物质秸秆汽化技术根据采用的汽化反应炉的不同可以分为固定床汽化和流化床汽化。

目前，秸秆汽化发电技术已进入了工业示范阶段，中科院广州能源研究所承担的"十五""863"项目"4兆瓦汽化发电装置"正在研究之中。浙江大学针对汽化过程中的焦油问题开展焦油的催化氧化热裂实验研究，对降低出口煤气中的焦油含量取得一定的进展。

67. 发展秸秆发电技术存在哪些问题？

（1）秸秆收集成本过高

在发达国家，农场种植较为集中，农业生产自动化程度高，秸秆收集便利，这与国内情况有很大不同。我国农业生产分散，秸秆堆积密度小、收集费时费力、运输成本高，再加上农村留守劳动力短缺、换茬农时紧张，农户出售秸秆的意愿不高。现在秸秆发电项目的燃料来源主要依靠经纪人，这造成许多秸秆收不上来，形成了假性的供不应求局面，再加上一些经纪人故意囤积秸秆，大大抬高了电厂的燃料成本。

华电国际十里泉电厂混烧秸秆发电项目投产前预计秸秆收购价格为100元/吨，运行后秸秆的收购价格高至400元/吨。国能单县生物发电厂在全县范围内设有8个棉柴收购站，棉柴到站价格为180元/吨，到厂价格约为230元/吨。国能望奎生物发电厂玉米秸秆到厂价格为270元/吨。考虑到秸秆的热值仅有煤的50%，所以在燃料价格上，秸秆与煤相比并无任何优势。这种局面给秸秆电厂运行带来很大的压力，也让潜在的投资秸秆发电的企业望而却步。

解决秸秆收集困难、价格高的问题应从以下两方面着手。首先，在秸秆发电产业发展初期，政府应积极配合做好引导、组织和政策支持，在广大农民朋友中宣传废物利用、节约能源等观念，使他们能够积极出售秸秆。其次，秸秆电厂应积极探索既适合当地实际情况又符合市场操作的秸秆收集贮运模式，提高效率、降低收购成本。

（2）技术需要进一步改进

我国建成的直燃发电项目核心设备都是从丹麦 BWE 公司引进的，基本解决了国产秸秆锅炉结焦、腐蚀和效率低等问题，但进口设备成本高昂。因此，应在消化吸收国外技术的基础上，加强自主研究开发，完成关键设备的国产化。

秸秆汽化发电方面，应进一步优化工艺路线，提高系统效率，降低燃气净化除焦成本，提高发电机组运行稳定性，从而进一步提高秸秆汽化发电系统的经济性和竞争力。

（3）国家配套政策不完善

秸秆发电项目的立项和审批手续复杂，国家政策细则实施不够，各级政府部门不清楚对此类项目如何操作管理，立项困难。特别是对于汽化发电项目，由于装机容量较小，基本在用户侧接入，对大电网影响较少，并且环境友好，不宜也不需要完全套用常规发电项目的立项审批程序。希望国家相关部门针对可再生能源发电项目特点，制定科学、合理、可操作性强的立项管理办法，简化项目行政许可程序。

（4）秸秆发电技术应用前景

时下油价高、煤炭短缺，而秸秆发电则充分利用了生物质废弃物，节约了能源，在缓解能源供给压力和保护环境两个方面都能发挥重要作用。我国秸秆资源丰富，秸秆发电产业具有较好的发展基础。随着越来越多的秸秆发电项目的建成和运行，秸秆收贮运喂、锅炉设备、汽化设备、灰渣利用等一系列产业链逐步形成，秸秆发电产业的经济效益和社会效益逐渐显现。国家相关的优惠政策和建设标准相继出台、立项审批程序的规范和简化，这些因素都会吸引越来越多的技术力量和资金力量投入到秸秆发电领域，秸秆发电技术和产业必将进入一个快速发展时期。

68. 秸秆发电项目建设需要注意哪些环节？

（1）建立秸秆收集网络

稻麦秸秆作为农业废弃物，散布在广大农村乡间田头，根据现阶段农村的具体情况，农户多，户均耕地少，秸秆收集期短，易腐烂，一季收获，常年使用。而燃料供应是秸秆发电的有效保证，是秸秆发电持续稳定的前提与基础。由于秸秆发电在我国是新兴产业，秸秆尚未形成一种商品，收集尚未形成网络体系，有一个渐进的成长和形成网络的过程，培育农作物秸秆收购市场与收购网络十分必要，农村经纪人依托企业的发展而发展，农作物秸秆的收购和农村经纪人为主体的收购网络形成必须要经历较长的时间，因此在先期投资的秸秆发电项目必须要依靠秸秆电厂自身力量建设秸秆收集网络来保证与收购秸秆。

（2）建立秸秆输送系统

秸秆打包、运输、破碎和秸秆加料是众多秸秆资源化利用技术应用的瓶颈。稻秆由于密度小、体积大、韧性大、流动性差等特点，造成破碎困难、加料难度大，易造成缠绕、堵塞，影响系统的正常运行。目前在国内也没有成熟设备，国内已建的稻秆类秸秆发电项目也因对此认识不足而失败，很多在建的项目也因此而延误工期。很多计划投资建设秸秆直燃发电厂的企业，由于担心电厂建成后当地农作物种植发生变化，硬质秸秆无法满足需求，而又无法使用或掺用稻秆类软质秸秆，多处于观望等待之中，本项目的实施可解决目前秸秆破碎和秸秆输送等众多秸秆资源化利用技术应用的瓶颈，为我国秸秆发电工程大规模利用稻秆发电提供示范，大力推动我国秸秆生物质能发电产业的快速发展。

（3）改进秸秆燃烧系统

目前国际上尚无其他针对水冷振动炉排稻秆燃烧的工程试验研究，在实践中通过包括水冷振动炉排改进在内锅炉系统结构改进和通过炉排下分风室供风、炉膛分区供风和炉排振动频率、振幅的优化，可获得符合要求的秸秆燃烧效率、床面不结渣、秸秆灰不黏的最合理燃烧控制和优化条件。稻秆碱金属含量高、灰熔点低，在燃烧过程中最突出的问题是锅炉大面积结渣；燃烧产生的飞灰易黏结在受热面，影响传热传质；此外，燃烧时产生的酸性气体易对锅炉金属表面形成腐蚀问题，影响锅炉设备的利用率和使用寿命。在近年的实践中，通过炉排下分风室供风、炉膛分区供风和炉排振动频率、振幅的优化，控制燃烧温度和稻秆停留时间，实现高效燃烧并且不结渣；优化吹灰器布置方式，可以有效防止飞灰在炉膛水冷壁、过热器以及省煤器等受热面的黏结；燃烧过程添加经科学配制的吸附剂可定向脱除氯，以有效减轻金属材料的高温腐蚀，保证锅炉的安全稳定运行。

69. 发展秸秆发电产业有哪些现实意义？

江苏国信淮安生物质发电有限公司地处敬爱的周恩来总理故乡——淮安市淮安区，由江苏省国信资产管理集团有限公司投资建设，建设规模为 2×75 吨/小时中温中压水冷振动炉排秸秆直燃锅炉，配 2×15 兆瓦汽轮发电机组，项目于 2006 年 10 月 26 日开工，#1 机组于 2007 年 11 月投入商业运行，#2 机组于 2008 年 4 月投入商业运行，工程总投资 3 亿元，是我国首台采用国内设备和自主知识产权、利用稻麦等黄色秸秆作为燃料的秸秆发电机组，获得国家知识产权局颁发的"生物质能电厂上料系统的上料方法"发明专利证书和"生物质能电厂黄色秸秆的上料系统"实用新型专利证书。下面以该电厂为例，阐述一下江苏省发展秸秆发电产业的现实意义。

一是有利于增加就业机会和农民收入，改善农村能源结构。秸秆作为农作物的副产品，秸秆发电将使农民废弃的秸秆变成可再生的能源资源，属于资源综合利用。秸秆将变废为宝，不仅可以为农民增加收入，秸秆发电厂的运行维护及秸秆收集运输等还可以为农民提供就业机会。在厂区内直接就业人数 174 人，从事秸秆收储运人员约 1 450 人，缓解了当地人口就业压力。同时该项目每年为农民增收 6 800 万元，是真正为"三农"服务的好项目，是落实科学发展观、建设和谐社会的具体体现。近年来随着农民生活水平的提高和家庭能源消费结构的变化，越来越多的家庭更多地选择使用商品能源，出现了秸秆的大量剩余，被残留在田间或焚烧，既浪费了宝贵的资源，又严重地污染了环境。秸秆电厂靠近燃料供应和农村用电终端，将为农民提供高品质的电能，并改善农民的生活。因此，秸秆发电项目在不牺牲环境质量为代价的前提条件下，为实现国民经济的持续增长，改变传统的能源生产方式和消费状况，为规模化开发利用生物能源提供了一条新路。

二是有利于保护环境。最近农作物秸秆从农家的财富变成需要处理的"废物"，由于田间焚烧，出现了严重的环境污染、影响城市空气质量、局部地区出现严重的阴霾天气，同时对车辆行驶、飞机起降产生极大的威胁。为了解决"秸秆焚烧问题"，各级行政管理部门做了大量的工作，一方面，加大了研究各种综合利用技术的投入，另一方面，采取了禁烧秸秆的行政立法，加大执法力度。这些措施，虽然取得了不少成效，但目前焚烧秸秆行为依然很严重。随着农村经济的发展，农民生活水平的提高，秸秆变成"废物"的区域越来越扩大，从根本上解决秸秆露天焚烧导致的环境污染问题和综合利用问题，已经迫在眉睫。农作物秸秆是一种重要的生物资源，不恰当的处置不仅造成资源的浪费，更是对环境的极大破坏。秸秆是一种很好的清洁可再生能源，其含硫量只有 1.5‰ ~ 3.1‰，而煤的平均含硫量约达 1%。利用秸秆发电，走充分利用可再生资源的道路，可以使传统的"资源—产品—污染排放"单向线性经济变为"资源—产品—再生资源"的循环经济。

三是有利于节约能源。江苏由于社会经济发展速度快，能源消费量大，是国内能源消费大省。2004 年全省能源消费总量约 1.36 亿吨标准煤，其中原煤消费量约 1.29 亿吨，全社会用电量 1 820 亿千瓦时，原油消费量 1 800 余万吨。由于自有资源有限，能源供应量严重不足。江苏能源消费总量中煤炭比重接近 70%，煤炭需求量中的 80% 以上靠省外调入，原油消费的 90% 以上依靠省外调入，其中一半以上从国外进口，调入能源受到资源、产量、运输等因素制约，能源供应量严重不足。煤、油价格上涨过快，直接影响企业经济效益。而目前我国农作物秸秆被废弃在田间地头或在田间直接焚烧掉、可作为其他能源用途的秸秆近 2 亿吨，可替代近 1 亿吨的标准煤，约相当于江苏省目前一年消耗的煤炭量。因此项目的实施将有利于能源的节约和使用

四是有利于改善区域发电结构。江苏电源结构不合理，电力装机中 97% 以上是燃煤机组。江苏经济的快速发展，能源需求量将不断增加，今后江苏的煤炭供应，运输距离越来越远，成本也越来越高。而另一方面，江苏的秸秆资源丰富，可供开发利用的有农作物秸秆、芦苇、胡桑条、稻壳、谷壳、花生壳、林木、树皮、锯木屑、畜禽粪便、酒糟、酒厂废水、造纸污泥、城市生活垃圾等，据不完全统计，全省每年各类农作物秸秆产量约

2 600万吨，其热值相当于1 300万吨标准煤。

五是有利于促进区域经济发展。对淮安地方经济而言，近年来，淮安区经济快速发展，城市建设飞快进行，各产业的生产工艺中需要大量的电力，使得工业生产用电量和用气量在原有的基础上迅速增加。本项目的建设对淮安区改善投资环境，促进本地经济发展、保护环境和节约能源都具有一定的推动和支撑力。淮安的秸秆资源比较丰富，因此，在淮安区建设秸秆发电厂，是集环保、节能、社会效益和经济效益为一体的工程。

六是有利于鼓励国内企业"自主创新"。2006年，秸秆发电项目在我国尚处于起步阶段，需要在主要设备研发，辅助设备配套，秸秆电厂的投资、建设、运行管理等环节大力投入人力和物力，这将推动生物质能产业链的形成，为经济发展注入新的活力。综上所述，为使广大的苏北产粮地区的秸秆得到充分利用，实现资源化、减量化、无害化，减少秸秆堆放或焚烧对市容市貌和大气质量的破坏，充分利用可再生能源的优势，逐步将生物质发电开发成为现有能源结构的有益补充，建设淮安秸秆发电项目是十分必要的。

五、秸秆汽化技术

70. 什么是秸秆汽化？

广义的秸秆汽化包括秸秆生物汽化和秸秆热化学汽化。狭义的秸秆汽化是指秸秆热化学汽化，即以秸秆为原料，利用汽化装置，以氧气、水蒸气或氢气等作为汽化剂，在高温条件下通过热化学反应将秸秆中可燃的部分转化为可燃气的过程。

（1）秸秆燃气的主要成分

秸秆燃气是由若干可燃气体如一氧化碳、氢气、甲烷、烃类物质及硫化氢等，不可燃成分如二氧化碳、氮气、氧气等以及水蒸气组成的混合气体。秸秆燃气具有无色、无味、有毒、易燃、易爆等特点。如不经燃烧而吸入体内，与人体血液中的血红蛋白相结合，阻碍氧气供应，就会引发中毒。一般轻微燃气中毒的症状为头昏、脑胀、恶心、呕吐等。因此，比较安全的方法是在汽化站配备加臭装置，向秸秆燃气中加臭，以免在人们不注意的情况下发生泄漏，误吸中毒或引起爆炸。

（2）秸秆燃气的用途

秸秆燃气的主要用途包括：① 提供热量。秸秆燃气经燃烧后产生高温烟气，可为温室、大棚或暖房供热，为农村居民供暖或提供热水，或为干燥设备提供热源烘干物料（如烟草、茶叶、橡胶、粮食、食用菌、中药材等）。② 集中供气。为村镇居民集中供气，用于居民的炊事。③ 汽化发电。主要用于驱动小型发电机发电，如照明用发电机。适用于缺电且秸秆资源丰富地区。

④ 化工原料气。通过秸秆汽化得到的合成气可用来制造一系列的石油化工产品，包括甲醇、二甲醚及氨等。

71. 秸秆的汽化原理是什么？

生物质汽化是在一定的热力学条件下，将组成生物质的碳氢化合物转化为含一氧化碳和氢气等可燃气体的过程。汽化过程需要供给空气或氧气，使原料发生部分燃烧。汽化过程和常见的燃烧过程的区别是：燃烧过程中供给充足的氧气，使原料充分燃烧，目的是直接获取热量，燃烧后的产物是二氧化碳和水蒸气等不可再燃烧的烟气；汽化过程是只供给热化学反应所需的那部分氧气，而尽可能将能量保留在反应后得到的可燃气体中，汽化后的产物是含氢、一氧化碳和低分子烃类的可燃气体。生物质汽化包括热解、燃烧和还原反应。

（1）热解反应

原料进入汽化器后，在热量的作用下，首先被干燥，当温度升高到250℃时开始发生热解反应。其总的结果是大分子碳氢化合物的链被打碎，析出生物质中的挥发物，留下木炭构成进一步反应的床层。高温时，生物质的热解产物是非常复杂的混合气体。工艺条件如温度和加热速率等的不同，反应产物得率也会发生变化。生物质汽化工艺的目的是得到可燃气体，不必过多考虑这些中间反应过程，但在热解反应中产生的焦油影响燃气使用，需要抑制其产生并从燃气中去除。

（2）氧化（燃烧）反应

热解反应和后面叙述的还原反应都是吸热反应，为维持反应必须供应足够的热量，最简单的方法是向反应层供入空气，通过燃烧获得热量。参与燃烧的主要是碳和空气。主要的反应有：

$$C + O_2 = CO_2$$

$$2C + O_2 = 2CO$$
$$2CO + O_2 = 2CO_2$$
$$2H_2 + O_2 = 2H_2O$$

燃烧需要消耗大量的氧，而这些氧是从周围空气中扩散到碳表面的，碳表面氧消耗以后浓度降低，周围的氧就在浓度差的作用下向碳表面移动。在扩散反应时，化学反应速度大大超过了氧的扩散速度，燃烧十分剧烈，以至空气中的氧一旦达到碳的表面，立刻被消耗光，碳表面气体中的氧含量几乎等于零。

（3）还原反应

还原层位于氧化层的后方，燃烧后的水蒸气和二氧化碳与碳反应生成氢和一氧化碳等，从而完成固体生物质原料向气体燃料的转变。主要的反应有：

$$C + H_2O = CO + H_2$$
$$C + CO_2 = 2CO$$
$$C + 2H_2 = CH_4$$

还原反应是吸热反应，温度越高反应越强烈。温度低于600℃时，反应已相当缓慢，因此还原层与氧化层的界面是氧含量等于零的界面，还原层结束的界面大致为温度等于600℃的界面。反应机制包括二氧化碳向炭粒表面的扩散，一氧化碳表面的解析，炭表面的反应活性，温度等因素。供热机制包括气固两相的热容量，气相的流速，以及两相间的传热和传质等。

（4）氧化和还原反应的自平衡机制

当燃烧反应强烈时，释放出较多的热量，提高了反应区温度，加快了吸热的汽化反应的速率。同时强烈的燃烧产生较多的一氧化碳和水蒸气，还原时则需要吸取较多的热量，从而使离开还原区的气体成分温度基本稳定。尽管固定床生物质汽化反应的中间过程是相当复杂的，但最终产物是较为简单的气体混合物。

72. 常见的几种秸秆汽化炉具有什么结构和性能特点？

（1）上吸式汽化炉

上吸式汽化炉的气-固呈逆向流动。运行过程中，湿物料从顶部加入后，被上升的热气流干燥而将水蒸气排出，干燥了的原料下降时被热气流加热并热分解而释放挥发组分，剩余的炭继续下降时与上升的 CO_2 及水蒸气反应，CO_2 及 H_2O 等被还原为 CO 及 H_2 等，余下的炭被从底部进入的空气氧化，放出的燃烧热为整个汽化过程供热。

上吸式汽化炉的缺点是：原料中水分不能参加反应，减少了产品气 H_2 和碳氢化合物的含量；气体与固体逆向流动时，湿物料中的水分随产品气体带出炉外，降低了气体的实际热值，增加了燃烧后排烟热损失；热气流从底部上升时，温度沿着反应层高度下降，物料被干燥后与较低温度的气流相遇，原料在低温（250～400℃）下进行热分解，导致气体质量差（CO_2 含量高），焦油含量高。

（2）改进的上吸式汽化炉

这种汽化炉将干燥区和热分解区分开，原料中的水分蒸发后随空气进入炉内参加还原反应，不再混入产品气体中，从而提高了产品气中 H_2 和碳氢化合物的含量，同时气体不被水蒸气稀释，使气体的热值提高25%左右；控制床层高度在500～800毫米，使热分解反应在较高温度下进行，为避免低温热分解区，使干燥的物料立即进入热分解区，以保证反应物料最上层温度不低于500℃，而热分解在500～800℃进行。

改进的上吸式汽化器的优点是：① 汽化效率较高，出口燃气的温度降低到300℃以下；汽化器最下层是氧化层，这里有充足的空气供燃烧所用，底部的木炭可以得到充分燃烧。② 燃气发热值较高。③ 炉排气体受到进风的冷却，工作比较可靠。上吸式汽化炉也有一个突出的缺点，就是热解产生的焦油直接混入可燃气体，因此燃气中的焦油含量很高。冷凝后的焦油会沉积在管道、阀门、燃气灶上，破坏系统的正常运行。

（3）下吸式汽化炉

在下吸式汽化器中，生物质原料由上部加入，依靠重力逐渐由顶部移动到底部，灰渣由底部排除；空气在汽化器中部的氧化区加入，燃气由反应层下部吸出。燃烧反应以炭层为基体，挥发分在参与燃烧的过程中进一步降解。燃烧产物与下方的炭层进行还原反应，转变为可燃气体。焦油含量比上吸式低得多，这是下吸式汽化器的最大优点，在需要使用洁净燃气的场合得到更多的应用。下吸式汽化器的另一优点是它的加料端与空气接触，当设计为炉膛内是负压工况时，加料端不需要严格的密封，使得运行中的连续进料成为可能。下吸式汽化器设计的关键在于保证燃烧的条件和燃烧层、汽化层的稳定。对于木炭、木材等优质原料，其设计并不困难，但对于秸秆和草类等物理性质较差的低品质原料，如不能保持床层稳定，就不能组织正常的汽化。设计强化燃烧的反应器结构和辅助的蓄热措施有助于建立稳定的燃烧条件，并使焦油得到进一步裂解，产生焦油等杂质含量较少的商品质洁净燃气。

（4）流化床汽化器

具有一定粒度的固体燃料，当气流速度继续增加至某一值时，微细颗粒之间会产生分离现象，少量颗粒在很小的范围内振动或游动，燃料层由静止向流动转化。气流速度进一步提高，全部微细颗粒被吹起，但悬浮于气流之中而不被吹出，此时即为"流化床"状态。

流化床汽化炉又分为鼓泡床汽化炉、循环流化床汽化炉、双流化床汽化炉和携带床汽化炉。① 鼓泡床汽化炉是最简单的流化床汽化炉，生物质原料在分布板上部被直接输送到炽热沙床中，经热分解生成炭和挥发分，汽化剂从底部气体分布板吹入汽化炉中，在流化床上和生物质原料进行汽化反应。鼓泡床汽化炉适用于颗粒较大的生物质原料，但存在着飞灰和炭粒夹带严重、运行费用较高等问题，仅适合于大中型汽化系统。② 循环流化床汽化炉（CFBG）是在同一个反应器中将热解汽化和燃烧过程分开，并且保证了仅来自汽化器里的半焦物质在燃烧区被燃烧。流化速度较高，使产出气体中含有大量固体颗粒；在汽化器出口设有旋风分离器或滤袋分离器，未反应完的炭粒在出口处被分离出来，经循环管送入流化床底部与空气发生燃料反应，为汽化过程供热，碳转化率也因此提高。CFBG 从鼓泡流化燃烧开始，然后到循环流化燃烧，最后再到循环流化汽化，其反应温度一般控制在 700～900℃。为了保持较高的流化速度，要求汽化炉相对截面不能太大，且适用于较小直径的生物质颗粒。

73. 秸秆汽化后燃气中的杂质如何去除？

主要杂质：从汽化炉出来的秸秆燃气（称为粗燃气）中的杂质一般可分为固体杂质和液体杂质。固体杂质中包括灰分和细小的炭颗粒，液体杂质则包括焦油和水分。

（1）焦油

焦油的存在降低了汽化效率，并且容易和其他杂质，如水、炭颗粒以及灰分等结合在一起，从而造成输气管道堵塞，腐蚀金属。由于焦油不能完全燃烧，其产生的炭黑等颗粒可能会对内燃机、燃气轮机等造成比较严重损害。而焦油及其燃烧产生的气味对人体也非常有害。

（2）除去秸秆燃气中焦油的技术

① 喷淋法。在喷淋塔中将水与秸秆燃气相接触，将其中的

焦油去除。可在容器中装入玉米芯填充物，起到过滤的作用。此法集除尘、除焦和冷却三项功能于一体，是中小型汽化系统采用较多的一项技术。主要缺点是会产生含有焦油的废水，造成能量的浪费和二次污染问题。

② 鼓泡水浴法。在水中加入一定量的氢氧化钠，成为稀碱溶液，对于去除燃气中的焦油有较好效果。

③ 干式过滤法。在容器内填放粉碎的玉米芯、木屑、谷壳或炭粒，让燃气从中穿过，或让燃气通过陶瓷过滤芯。亦可安装小型高效过滤器，内装有吸附性很强的活性炭，进一步清除进灶前燃气中的焦油。主要缺点是需要经常更换过滤材料，而且部分过滤材料如活性炭成本较高。过滤焦油后，一定要把这些材料用于汽化。

④ 静电除焦法。首先在高压静电下将秸秆燃气电离，使焦油小液滴带上电荷，小液滴聚合在一起形成大液滴，在重力作用下从燃气中分离出来。静电除焦效率较高，一般可超过 90% 以上。

⑤ 催化裂解法。利用催化剂的作用，在 800 ~ 900℃ 发生热解反应，效率达 99% 以上。催化裂解的产物为可燃气体，可直接利用，避免了二次污染，是较有发展前途的技术。

⑥ 湿法或干湿法除焦油法。主要采用如下设备进行，在操作过程中根据所需气体的纯度，可采用其中一组或几组单元操作。冷却塔和文丘里洗涤塔、除雾器、湿静电除尘器。湿法或干湿法是目前常用的一种焦油去除方法，它能将焦油冷凝在气相产品之外，但是值得注意的是湿法会产生大量的废水。

（3）有机酸

秸秆热加工过程中会产生有机酸，如乙酸、丙酸等，主要以蒸汽形式存在，对输气管道和灶具有很强的腐蚀作用。

（4）有机化合物

如甲醇、乙醛、丙酮、乙醚、乙酸甲酯等。这些物质的少量蒸汽可以作为燃气成分，但对于塑料材质的管道有较强的腐蚀作用。

（5）氧

秸秆燃气中的氧主要来自未被完全消耗的氧化剂（空气）。从安全角度考虑，应尽量降低汽化气中的氧含量。国家规定秸秆燃气中氧的含量应小于 1%。

（6）水分

如果在输气过程中温度降低，秸秆燃气中的水分就会形成冷凝水，水积多了，就会造成输气管道堵塞。

74. 秸秆汽化集中供气技术需要哪些生产设备？

秸秆汽化集中供气工程是将干秸秆粉碎后作为原料，经过汽化设备（汽化炉）热解、氧化和还原反应转化成可燃气体，经净化、除尘、冷却、贮存加压，再通过输配系统送往用户，用作燃料或生产动力。工程一般以自然村为单元，供气规模从数十户至数百户不等，供气半径在 1 千米以内。

（1）供气系统燃气生产设备

秸秆燃气生产主要设备包括铡草机、汽化器、燃气净化器、燃气输送设备等，其中汽化器、燃气净化器和燃气输送设备组成了秸秆汽化机组，是整个系统的核心部分。秸秆在汽化炉中发生热化学反应，产生粗燃气，由净化系统去除杂质，并冷却至室温，然后通过燃气输送机送至储气柜。汽化炉的选用根据不同用气规模确定，供气户数较少，一般选用固定床式汽化炉；供气户数多（一般多于 1 000 户），流化床汽化炉更为适宜。

（2）供气系统燃气输送设备

秸秆汽化机组产生的燃气在常温下不能液化，需通过输配系统送至用户。输配系统设备包括贮气柜、输气管网和必要的管路附属设备如阻火器、集水器等。贮气柜是该系统中体积最大的设备，贮存一定容量的燃气，以调整用气高峰，并保持恒定压力，分湿式和干式储气柜两种。燃气通过输气管网分配到系统的每家每户，以主、干、支管等形成一个管网。主管、支管采用浅层直埋的方式敷设在地下，应使用符合国家标准的燃气用埋地聚乙烯塑料管道和管件。为保证管网安全稳定运行，管路上还要设置阀门、阻火器、集水器等附属设备。

（3）供气系统燃气使用设备

用户燃气系统包括室内燃气管道、阀门、燃气计量表和燃气灶。用户打开燃气用具的阀门，就可以方便地使用燃气。需要注意的是，因燃气特性不同，秸秆燃气的使用需用专用灶具，需要准确计算灶具上燃气喷口的直径及配风板的尺寸，使秸秆燃气与空气合理匹配，满足各项炊事对热负荷的要求。常见的汽化炉有两类：分体式秸秆汽化炉、整体式秸秆汽化炉。

75. 秸秆汽化集中供气系统运行管理中应注意哪些安全问题？

秸秆燃气具有使用方便、清洁、热效率高等优点，它的推广使用会改善农民的生活方式，但燃气又具有易燃、易爆、易中毒的特性，如果操作不当也有造成财产甚至生命损失的危险。在秸秆汽化集中供气系统和户用秸秆汽化炉的设计、建设、运行和燃气使用的各个环节，安全始终是第一位要考虑的问题。

（1）汽化站的安全运行

① 贮料场的防火。贮料场要完全杜绝火源，除了不允许闲人进入、不允许在场内吸烟外，也不得在场内设置易引起火灾的设备与建筑物，不得同时存放易燃易爆物品。贮料场内原料应分别堆垛存放，各垛之间留有消防通道。若没有天然水源，应在贮料场设置消防水池或其他水源。还应设置小型干粉灭火器和沙

土、铁锹等容易消防器材。

② 汽化机组的安全操作。汽化站投入运行前应按规程对汽化设备和管道进行全面检查和气密性试验，所有设备、管道连接处、密封门、放液口应保持良好的密封性。汽化站设备运行时，还应经常检查整个系统的密封情况，发现异常情况应立即停止运行。设备运行时严禁打开各密封门及放液口，不允许在站房内施焊及进行其他明火作业。开机、检修要保证两人同时在场，发现不安全因素，及时给予援助。生产期间，应打开通风窗和天窗，以保持车间内通风良好。对机组、气柜、输气管道等设施要进行定期巡回检查，一旦发现燃气泄漏，应立即采取相关措施加以处理，无关人员不能接近现场。

③ 贮气柜的安全操作。贮气柜投入运行前应进行全面检查和气密性试验。贮气柜投运时，应结合汽化器的烘炉操作，先用燃烧废气将空气排出，彻底吹扫置换，以避免可燃气和空气混合引起燃烧、爆炸。贮气柜检修之前必须先将气柜内的燃气用空气置换干净，才能进行操作或进入气柜，以避免气柜内留有可燃气引起爆炸、中毒事故。

④ 汽化站防火。汽化站区域内不得设置与机组运行无关的易引起火灾的设备与建筑物，不得存放与机组运行无关的易燃易爆物品。站内秸秆必须堆放在储料仓库内，并堆放整齐。站内必须严禁烟火，要有醒目的防火、防毒标志。汽化站内还应设置小型干粉灭火器和其他简易消防器材。消防设施应保持完好，消防水源充足，并有专人负责。汽化站操作、管理人员应事先经过培训，熟练掌握操作技能和管理知识，应熟悉防火、灭火知识，并能熟练操作消防设施。操作人员应严格按照操作规程进行操作，不能违章作业。非工作人员未经允许不得入内。

（2）燃气输配管网的安全运行

燃气输配管网的安全问题主要是防止燃气的泄漏。① 管网的气密性试验。管网安装完毕，覆土前应进行气密性试验，试验管段为贮气柜出门至用户阀前。② 管网的安全运行和通气、检修时的吹扫。供气管道及附属设施应在地面以上设明显标志，不准在燃气管道上方随意施工、挖掘及通过重型车辆。定期巡回检查，发现泄漏应及时处理。要检查各阀门、集水器的工作状况。新系统通气时和需要对管道进行检修时，必须对管路进行彻底吹扫。

（3）燃气的安全使用

燃气的安全使用关系到千家万户，因此教育用户掌握安全用气知识，正确使用燃气用具是重要的安全措施。正常操作时应点火后开气，火焰发生变化或脱火、回火时用调风板调节燃气和空气的比例。用户使用中应经常检查燃气管道、阀门、连接管等处，发现有损坏或泄漏应及时检修更换。秸秆燃气中有较强烈的煤焦味，一旦发现设备漏气，应立即关闭阀门，打开门窗，退出现场，报告专门管理人员。在确认无危险的前提下，方可进行检修。

76. 目前秸秆汽化工程在推广中存在哪些问题？

（1）选型问题

近两年来，秸秆汽化工程发展较快，但是由于没有对秸秆汽化设备进行优化选型，造成汽化设备性能和制造质量良莠不齐，存在很多质量问题和安全隐患；在选型中存在贪"大"现象，设备生产能力与服务对象不匹配，致使建成的汽化炉"大马拉小车"，设备使用不足，经济效益降低，造成资源浪费。

（2）选址问题

农村秸秆汽化工程，只履行工程申报程序，没有选址审定制约，多数盲目选址。有的汽化站与居民住房相连，有的建在学校旁。这些汽化站选址不科学、不合理，没有达到安全防火、防爆距离要求，存在着严重的安全隐患。

（3）机组质量问题

① 秸秆汽化效率低，燃气热值低。目前的秸秆汽化设备品种单一，汽化炉结构主要是固定床式。这种汽化炉结构简单，工艺简单，操作方便，但汽化效率和燃气热值较低，秸秆能量没有得到高效转换。

② 设备质量不佳。据调查，目前在用的多数汽化设备存在着质量问题。如湿式汽化柜漏气、阀门关闭不严、罗茨风机故障率高等问题，导致系统经常处于维修或带故障运行的状态，从而降低了系统运行效率，影响了农户的正常使用。

③ 焦油含量高，影响正常运行。由于汽化设备产生的燃气中焦油含量较高，汽化机组需要经常清洗维护，管路阀门以及灶具也要经常清洗，严重影响系统正常运行，增加了运行成本，影响了终端农户的正常使用。

（4）安全问题

秸秆气是一种易燃、易爆、有毒的气体，生产使用这种气体，具有一定的危险性。大多数选址不符合安全要求。同时，汽化站没有建立安全操作规程和安全管理制度；操作人员没有经过正式的培训；设备存在一定的质量缺陷。

（5）污染问题

秸秆汽化工程在给广大农民的生活带来好处的同时，也产生了二次污染问题。秸秆汽化的生产过程会对周围一定范围内的空气造成污染；同时，秸秆在汽化过程中会产生焦油，焦油经机组喷淋、过滤后随水排放，也会对周围农田和地下水造成污染。

（6）建设资金投入不足

目前，建一处供气规模 200 户的秸秆汽化站，需投资 100 万元左右，一般情况下，国家和省里能补 30 万元左右，尚有 70

万元需要地方政府配套和农户自筹。我国地方财政普遍紧张,自筹能力不强,而要 200 个农户解决 70 万元资金不现实。

（7）大多秸秆汽化项目长期亏损运行

在供气规模为 200 户以内的汽化站,投资回收基本没有可能,即使燃气售价为 0.3 元／米³,汽化站每年亏损还在 2 万~3 万元。

77. 推动秸秆汽化技术发展有哪些对策?

（1）要科学制定发展规划

秸秆汽化发展总体规划应纳入新型能源管理范围,科学布局,加强管理和协调。秸秆汽化与沼气建设应互为补充,以适应不同经济发展地区的需要,尽快建设秸秆汽化生产基地。

（2）不断加大扶持力度

实施秸秆汽化工程,对购置机械和设备应给与一定比例的补助资金,应抓紧研究财税投融资等扶持政策,鼓励引导民营资本和社会资金参与秸秆汽化发展。

（3）加强产学研合作

建设产学研深度结合的产业发展机制。将高校和科研机构的技术优势与企业的产业优势结合起来,形成以市场为导向、以成果为纽带、以企业为主体的适应市场经济规律的发展模式。

（4）建立完善秸秆汽化运行管理体制

按照市场经济发展规律发展要求,实行有偿用气制度,通过安装磁卡式燃气表、购置监测仪器和日常监督等方式,规范用户用气行为。加强管理人员和操作人员的技术培训,提高设备的完好率与工作效率;同时搞好设备与管网的维护保养,及时排除故障,提高汽化设备的应用水平和效果。

（5）建立秸秆汽化选型制度

秸秆汽化设备的好坏,直接影响秸秆燃气的正常生产,影响着农民的切身利益。建议组织开展机组设备的选型调研，建立设备选型制度，采用目录管理的形式，选择先进、适用、安全、可靠的秸秆汽化设备。

（6）建立项目建设审定制度

秸秆汽化工程是关系到农民生活安全的一项重要工程，工程建设质量不仅影响农民的切身利益，也影响着社会主义新农村建设的发展。汽化工程项目的选址、设备的选型、施工单位的资质等都影响着工程的质量，因此应建立项目建设审定制度，对项目的可行性进行审定、对申报单位的资质进行审核，对工程选址、设备的选型、人员培训、资金到位情况等进行审查论证，从而保证工程项目的建设质量。

（7）建立安全监管制度

应制定秸秆汽化系统安全操作规程和汽化站安全监督管理制度。建立秸秆汽化工程的年度检查制度，对容易发生危险的重点设备、重要环节（包括人员的操作技能、安全知识），实行强制性安全监督检查，确保汽化站设备安全运行。

（8）建立持证上岗制度

为了保证秸秆汽化站的安全运行，汽化站的管理以及操作人员必须具备相关的安全意识、业务知识和操作水平，基于各个汽化站的运行水平现状，制定完备的培训计划和培训持证上岗制度。

（9）加强安全教育

宣传用户使用秸秆气是工程运行的最终目的，用户的燃气使用关系到人民群众的切身利益。因此，应该制定相关的安全使用要求，并且利用媒体、采取各种方式大力宣传，做到用户尽人皆知，树立安全第一的意识，同时，能够达到安全合理使用秸秆燃气的目的，养成安全使用燃气的习惯，使秸秆汽化工程为新农村新能源建设作出积极的贡献。

六、秸秆沼气技术

78. 什么是秸秆沼气？

沼气是由微生物产生的一种可燃性混合气体，其主要成分是 CH_4，大约占 60%，其次是 CO_2，大约占 35%。

沼气发酵是由多种微生物在没有氧气（厌氧）存在的条件下分解有机物来完成的。有机物和各种厌氧型微生物共存，在厌氧、温度 5~70℃、pH 值中性等条件下，有机物的分解就会自然发生，最终生成 CH_4 和 CO_2，这就是沼气发酵。

秸秆沼气是指利用沼气设备，以秸秆为主要原料，在严格的厌氧环境和一定的温度、水分、酸碱度等条件下，经过沼气细菌的厌氧发酵产生的一种可燃气体。秸秆沼气又称为秸秆生物汽化，根据工程规模（池容）大小和利用方式，可将其划为三类：一是农村户用秸秆沼气，池容 8~12 米³，以农户为建设单元，沼气自产自用。二是秸秆生物汽化集中供气，属于中小型沼气工程，池容一般 100~200 米³，以自然村为单元建设沼气发酵装置和储气设备等，通过管网把沼气输送到农户家中。三是大中型秸秆生物汽化工程，池容一般在 300 立方米以上，主要适用于规模化种植园或农场秸秆集中处理，所产沼气主要用于发电。在可供开发生物质能源的木质纤维素资源中，农作物秸秆是成分丰富的一种。秸秆沼气发酵原料的特点如下。

① 随农事活动批量获得，能长时间存放不影响产气；可随时满足沼气池进料需要，可一次性大量入池。每立方米沼气池只

能容纳风干秸秆 50 千克左右。一旦入池后，从沼气池内取出较为困难。通常采用批量入池、批量取出的方法。

② 入池前需要进行切短、堆沤等预处理。

③ 和粪便一起发酵时效果好。

④ 需要较长时间分解才能达到预期的沼气产量。

应用秸秆沼气技术有许多好处，第一，解决了沼气发酵原料不足的问题，不仅可以使原来不具备建池条件的农户用上沼气，而且解决了已建池但又无原料的沼气池或季节性养猪农户发酵原料不足的问题，大大提高了沼气池的使用率。第二，进一步推动了秸秆综合利用。秸秆沼气技术为大量秸秆找到新的有效利用途径，减少资源浪费和环境污染。第三，有利于秸秆还田。秸秆沼气发酵后不仅可以为农户提供清洁的能源，而且厌氧消化后的沼液、沼渣还是优质的有机肥料，能有效培肥地力和增强作物的抗逆能力。第四，有利于改善农家庭院的卫生状况。

适合作沼气发酵原料的秸秆：一般玉米秸、麦秸、稻草比较适宜作为沼气发酵原料。在 35℃ 中温发酵条件下，玉米秸、麦秸、稻草与猪粪、人粪的产气量基本相当，其中玉米秸（0.50 米³/千克）和麦秸的产气量（0.45 米³/千克）比猪粪（0.42 米³/千克）和人粪（0.43 米³/千克）的产气量略高，稻草产气量略低（0.40 米³/千克）。

79. 秸秆沼气主要有哪些发酵工艺及技术条件？

秸秆发酵产沼气的工艺：按不同的标准，秸秆沼气发酵可划分成不同的工艺。按发酵温度可分为常温发酵、中温发酵、高温发酵。按进料方式分为批量发酵、连续发酵与半连续发酵。

（1）批量发酵

是指将发酵原料和接种物一次性装满沼气池，中途不再添加新料，产气结束后一次性出料。优点是投料启动成功后，不再需要日常进料管理，简单省事；缺点是启动慢，产气分布不均衡，产肥量偏低。

（2）连续发酵

是指沼气池加满了原料正常产气后，每天分几次或连续不断地加入原料，同时也排走相同体积的发酵料液。

（3）半连续发酵

是指在沼气池启动时一次性加入较多原料，正常产气后，不定期、不定量地添加新料。优点是容易做到均衡产气和计划用气，沼肥产量高。缺点是需要进行日常管理，费人工。半连续发酵包括秸秆半连续发酵和混合原料半连续发酵。混合原料半连续发酵工艺，在我国适用性最广，适用于畜禽规模不足以发展粪便半连续发酵工艺沼气的用户。既有粪便半连续发酵工艺的优点，又可在一定程度上弥补秸秆批量发酵工艺的不足。

（4）秸秆发酵产沼气的技术条件

目前，影响秸秆发酵产沼气的主要因素有反应器结构、反应器接种物、发酵条件控制等方面因素。

① 反应器结构：沼气发酵一般采用批量进料，进出料工作量大和产气量低等技术难题一直困扰秸秆发酵在沼气领域中的应用，同时存在原料容易出现漂浮分层和结壳，固态发酵传质效果差，且搅拌阻力大，气体释放难等问题。

② 接种物：使用秸秆作为原料发酵沼气，在每次开始前都需要准备一定的接种物来启动反应。目前，常用的接种物为新鲜牛粪、老沼气池的沼渣、腐败河泥或城市污水处理厂的消化污泥等。

③ 原料的 C/N 值：一般认为沼气干发酵适宜的 C/N 值为 25~30。为了保证合适的 C/N 值，需要对发酵过程的营养物质进行必要的调控。

④ 发酵温度：在厌氧生物处理中，不同的温度范围内有不同类型的微生物活动，因此，厌氧生物处理按照微生物的特性，大体上有三个温度厌氧消化区：一是常温厌氧消化区。适宜温度范围为 15~20℃。我国农村中的沼气池一般属于这一类的常温厌氧消化。二是中温厌氧消化区。适宜温度范围为 30~38℃，适宜于中温细菌生长繁殖，主要是马氏甲烷球菌。与常温发酵相比，分解快、产气率高、气质好，有利于规模化生产。三是高温厌氧消化区。目前这种方式在厌氧生物处理中采用较少。

⑤ pH 值：pH 值是厌氧消化体系的一个重要控制指标，pH 值在 6.8~7.4 时产甲烷菌的活性最高，超出此范围活性随之下降。在发酵过程中，对发酵原料的 pH 值进行监控，当 pH 值低于 6.4 时，可加入石灰水或者氨水调节，可保证沼气发酵过程的顺利进行。

（5）搅拌

通过搅拌可使有机物充分分解，增加产气量（搅拌比不搅拌可提高产气量 20%~30%）。机械搅拌是指在反应器内安装叶轮等进行的搅拌。

80. 如何进行秸秆沼气发酵原料预处理？

对秸秆进行预处理是提高秸秆的利用率和产气率的一种有效手段。秸秆预处理研究主要体现在营养调节和性质改善两个方面。营养调节主要体现在 C/N 上，常见的做法有两种，一是与 C/N 低的发酵原料混合发酵，另外就是添加一些化学元素，如尿素或碳酸氢铵。化学预处理通常需要辅助热处理，促进秸秆与这些化学制剂之间发生反应，使更多的可溶物质释放。用于秸秆化学处理的化学试剂很多，碱化处理的制剂有 NaOH、Ca（OH）$_2$、KOH、NaHCO$_3$ 等；氨化处理的有液氨、尿素和

NH_4HCO_3 等；氧化还原类的有氯气、各种次氯盐酸、H_2O_2 和 SO_2 等。

生物方法就是利用具有强木质纤维素降解能力的微生物对秸秆先进行固态发酵，把作物秸秆中的木质纤维素预先降解成易于厌氧菌消化的简单物质，以缩短随后的厌氧发酵时间、提高干物质消化率和产气率。食用真菌被认为是木质纤维素降解能力较强的菌属之一。

堆沤处理是秸秆发酵预处理的有效方式，有利于提高秸秆利用率和产气率。操作要求为：第一步，将秸秆铡成 6 厘米以下小段或直接粉碎（粒度 10 毫米）。第二步，将切碎或粉碎的秸秆用水（粪水更佳）湿润，秸秆与水的重量比为 1 :（1 ~ 1.2），润湿 1 天左右。第三步，将湿润好的秸秆加入全部发酵菌剂和全池所需氮素化肥总量的一半量（另一半直接分层加入池内），再补加一定量的水，进行混合，拌匀。加水量以秸秆不渗出水为宜（用手捏紧，有少量的水滴下）。第四步，覆膜堆沤。将拌匀的秸秆用塑料薄膜覆盖，气温 15℃ 左右时堆沤 4 ~ 5 天，气温 20℃ 以上时堆沤 2 ~ 3 天，当秸秆生出菌丝后，即可入池。在北方由于气温低，宜采用坑式堆沤。在南方由于气温较高，用上述方法直接在地上堆沤即可。无论在南方还是北方，都可直接在沼气池内进行发酵原料的预处理。切记，不要在温室大棚内、密封的猪圈内和居民房内堆沤发酵原料，以免产生有害气体危害人畜或氨气毒害蔬菜花卉。

81. 沼气池日常管理有哪些要点？

（1）秸秆沼气池的换料

根据用肥需要，批量发酵沼气池每年可大换料 1 ~ 2 次。大换料要在池温、气温 15℃ 以上季节进行，池温、气温 10℃ 以下季节不宜大换料，因为低温条件下沼气池很难启动。大换料时应做到以下几点。

① 出料前要准备好足够的新料，待出料后立即启动沼气池。

② 出料时要清除难以消化的残渣或沉积的泥沙等杂物。

③ 沼气池内要保留 20% ~30% 含有沼气细菌的活性污泥和料液作为接种物。

④ 在大换料清理池内残渣和沉沙等杂物时，或在大出料后进行沼气池维修时，要把所有口盖打开，使空气流通，在未通过动物试验证明池内确系安全时，不允许下池操作。池内操作人员不得使用明火照明，不准在池内吸烟。下池维修时不允许单人操作，下池人员要系安全绳，池上要有专人监护，万一发生意外可以及时抢救。

混合发酵原料沼气池在入冬前彻底换料一次，加足新料以保证冬季发酵需要的养料，提高沼气池的冬季产气量。大换料要提前 15 ~20 天停止进料，其他要求与批量发酵沼气池大换料相同。

（2）日常管理要点

① 勤加料，勤出料。一般要在产气高峰没有下降以前加新料，即在启动后 20 天，最迟不得超过 30 天。进出料具体要求如下。

a. 先出料、后进料，出多少、进多少，以保持气箱容积。

b. 人、畜禽粪便要清理进池。

c. 严禁把含有洗衣粉、肥皂、洗发液、沐浴液、清洁剂、洗涤剂的洗衣水、洗澡水、洗碗水放进池中。

d. 正常运转期间进池的秸秆原料，只要铡短或粉碎并用水或发酵液浸透即可，5 ~6 天加料 1 次，每次加料量占发酵料液的 3% ~5%。秸秆堆沤处理后再进池效果更好。

e. 正常运转期间的秸秆进料浓度应当尽量大一些，干物质含量可大于 8%。

f. 在沼气池活动盖密封的情况下，进出料的速度不宜过快，保证池内缓慢升压或降压。

g. 在日常进出料时，不要点火做饭，不得有明火接近沼气池。

h. 进出料后，要把进出料口的盖重新盖好。

② 经常搅拌沼气池内的发酵原料。水压式沼气池无搅拌装置，可通过进料口或水压间搅拌，也可从水压间淘出料液，再从进料口倒入进行搅拌，5~7 天搅拌 1 次。若发生浮料结壳并严重影响产气时，则应打开活动盖进行搅拌。冬季减少或停止搅拌。

③ 控制好发酵液浓度。适宜的发酵浓度应该控制在 6% ~ 11%。夏秋季节温度高，发酵液浓度可低些，一般控制在 6% ~ 8%。冬春季节温度低，发酵液浓度相应高些，可提高到 8% ~11%。

七、秸秆饲料技术

82. 农作物秸秆有哪些营养价值？

（1）秸秆的构成及特性

秸秆是由大量的有机物和少量的矿物质及水构成，其有机物的主要成分为碳水化合物，此外，还有少量的粗蛋白和粗脂肪。碳水化合物由纤维性物质和可溶性糖类构成，前者包括半纤维素、纤维素和木质素等，一般用细胞成分表示。

秸秆中的矿物质，用粗灰分表示，由硅酸盐及其他少量矿物质微量元素组成。农作物成熟后，其秸秆中的维生素差不多全部被破坏，因此，秸秆中很少含有维生素。秸秆饲料的构成简单表示见图 7 − 1。

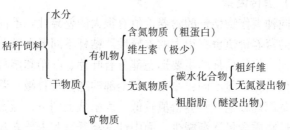

图 7 − 1　秸秆饲料的构成

秸秆作为农副产品，是一种有用的资源。秸秆中有机物含量平均为 15%，平均含碳 44.22%、氮 0.62%、磷 0.25%，还含有镁、钙、硫及其他重要的微量元素，这些都是农作物生长所必需的营养元素。秸秆中含有的碳水化合物、蛋白质、脂肪、木质素、醇类、醛、酮和有机酸等，大都可被微生物分解利用，经过处理后可以加工成饲料供动物食用。

（2）秸秆的营养价值

从作物秸秆的营养特点分析，其蛋白质、可溶性碳水化合物、矿物质和胡萝卜素含量低，而粗纤维含量高，因而其适口性不好，家畜采食量小、消化率低。天然状态下的秸秆由纤维素、半纤维素、木质素及部分蛋白质、果胶质等组成。不同作物秸秆的有机物成分基本相似，但其中的化学组成和营养成分有所不同。用作饲料和食用菌基料的秸秆，要求其粗蛋白、粗脂肪、无氮浸出物的含量要高。

83. 影响农作物秸秆营养价值的因素有哪些？

不同作物秸秆营养价值有很大的差异性，这种差异由遗传和环境因素及其相互作用造成的。

（1）遗传因素

不同种类作物秸秆的营养价值有很大的差异性。不同品种作物秸秆的营养价值也有很大的差异性。秸秆不同形态部分的营养价值不同：作物秸秆的主要形态部分有叶片、叶鞘和茎秆。秸秆不同部位营养价值不同：小麦秸秆上部的茎秆较青嫩，营养价值较高；基部则较老，营养价值较低。麦秸从上到下，粗蛋白和细胞可溶性物质含量逐渐减少，而中性洗涤纤维和木质素却逐渐增加。不同收获时期的秸秆营养价值不同：作物成熟收获前期营养价值较高，成熟后随着时间的推移营养价值越来越低。适时收获是获得高质量秸秆的关键技术措施之一。

（2）环境因素

许多作物秸秆营养特征的差异是由作物生长发育的环境因素

所引起的，土壤营养状况、水分、周围环境温度及其变化范围、光照的长短与强弱、病虫害的发生率和危害程度，都能影响作物秸秆的营养质量。

① 土壤营养状况：土壤营养状况能影响植株营养物质的积累和运输，从而影响秸秆化学成分和消化率。在土壤因素中，氮素是最重要的影响因素。它能促进作物的生长，蛋白质含量的增加，细胞壁含量的减少，从而提高消化率。

② 光照强度和时间：通常在光照强度低的条件下生长的牧草消化率较低（降低1%~5%）。

③ 病虫害：病虫害影响作物生长，降低植株的光合作用，减少淀粉物质的合成。

（3）管理因素

① 收割方法：收割方法不同，秸秆的营养价值也不同。有的地方收获作物时，只把穗头剪去，随后才收藏秸秆，秸秆的营养价值低；但多数地区是把茎秆和穗头一起割下来，脱离后再收藏秸秆，秸秆的营养价值高。很明显，秸秆营养质量高低，与收割的高度有关。

② 脱粒方法：脱粒方法也影响秸秆营养质量。用机械方法脱粒，由于秸秆被压碎，比较柔软，便于家畜消化，增加了微生物进行发酵作用的面积。故比人工方法脱粒的秸秆有较高的消化率。

③ 贮存方法：籽实收获后，秸秆的贮存条件也影响它的营养质量。在良好的贮存条件下，秸秆营养质量损失较少。在高温条件下，未收获的小麦和燕麦茬，有机物质消失率每天降低0.15%。当秸秆在全部暴露、部分暴露和全部覆盖保护3种条件下贮藏时，其营养质量不同。全部暴露的秸秆，粗蛋白含量从5.6%降至3.4%，钙从0.31%降至0.21%，磷从0.11%降至0.02%，但镁没有变化。留在地里的麦茬，如天气好，其消化率

在数周内没有明显降低。但经雨淋的秸秆，细胞内可溶性物质含量减少，消化率降低。

84. 秸秆为什么通过加工才能变成饲料？

由于农作物秸秆化学成分的特性，其营养价值很低，用它作为主要粗饲料来饲养反刍动物，尚具有许多限制性因素。一是纤维素类物质含量高。二是粗蛋白含量低。秸秆料不仅可发酵氮极低，而且过瘤胃蛋白也几乎为零。三是无机盐含量低，并缺乏动物生长所必需的维生素 A、维生素 D、维生素 E 等以及钴、铜、硫、硒和碘等矿物质。秸秆饲料含大量的硅酸盐，它严重影响瘤胃中多糖类物质的降解作用；钙和磷的含量一般也低于牛、羊的营养需要水平；许多地区钴、锌、硒和铜等元素也明显缺乏。四是可消化能值很低，制约了动物生产性能的表现。因此，要科学地利用秸秆来饲养家畜，必须寻找正确的提高秸秆饲料营养价值的有效途径，这个途径是秸秆的综合预处理和营养物质的添补。

秸秆饲料加工的主要作用：秸秆饲料加工不仅可改善秸秆的适口性和营养成分，提高秸秆的采食率和饲料转化率，使较适宜的秸秆更加适宜于养畜，而且可使次适宜和不适宜直接饲喂的秸秆成为适宜养畜的秸秆。同时，通过对秸秆的适当加工，可以使其密度加大、体积缩小，便于运输。在现代畜牧业中，具有较强或一定实用价值的秸秆饲料加工处理方式主要有：青贮、氨化、微贮、揉搓丝化、膨化、压块、颗粒饲料加工等。

85. 改进秸秆饲用价值的方法有哪些？

（1）物理处理
采用物理方法可提高作物秸秆的饲用价值，物理处理包括机械加工、辐射处理和蒸汽处理等方法。

① 机械加工。经机械加工的作物秸秆长度变短、颗粒变小，使家畜对秸秆的采食量、消化率以及代谢能的利用效率都发生改变。一种很普遍的加工方法是将作物秸秆切短后再饲养家畜，这种处理的好处是便于饲喂、减少浪费，可在一定程度上防止家畜挑食。

② 辐射处理。辐射处理最早用于处理木材，随后有学者用于对小麦秸、稻草、燕麦秸和大麦秸等作物秸秆进行过处理。辐射处理对家畜健康有无影响尚无定论，要在生产中运用，还为时太远。

③ 蒸汽处理。通过高温水蒸气对秸秆化学键的水解作用，可以达到提高消化率的目的。用蒸汽处理玉米秸，可以提高能量和有机物消化率。

④ 其他方法。粗饲料的干燥、颗粒化和补喂精饲料等也属于物理处理。干燥的目的是保存饲料，处理条件对养分影响很大；颗粒化处理可使粉碎粗饲料通过消化道速度减慢，防止消化率下降；补喂精饲料可以改善粗饲料的利用效率，但补喂精饲料后，瘤胃微生物将适应于利用淀粉，并引起瘤胃 pH 值下降。

（2）化学处理

化学处理就是利用化学制剂作用于作物秸秆，使秸秆内部结构发生变化，有利于瘤胃微生物的降解，从而达到提高消化率、改善秸秆营养价值的目的。目前用作秸秆处理的化学制剂很多，碱性制剂有 $NaOH$、$Ca(OH)_2$、KOH、NH_3、尿素等；酸性制剂有甲酸、乙酸、丙酸、丁酸、硫酸等；盐类制剂有 NH_4HCO_3、$NaHCO_3$ 等；氧化还原制剂有氯及各种次氯酸盐、H_2O_2、SO_2 等。

① $NaOH$ 处理。即配置相当于秸秆 10 倍量的 $NaOH$ 溶液，将秸秆放入，浸泡一定时间后，用水洗净余碱，然后饲喂家畜。

这种处理方法可大大提高秸秆消化率，但水洗过程养分损失大，而且大量水洗易形成环境污染，所以没有广泛应用。长期大量采食 NaOH 干法处理的秸秆会引起家畜矿物质的不平衡，影响家畜健康，引起腹泻。

② 氨化处理。秸秆含氮量低，与氨相遇时其有机物就与氨发生氨解反应，破坏木质素与多糖（纤维素、半纤维素）链间的酯键结合，并形成铵盐，铵盐则成为反刍动物瘤胃微生物的氮源。瘤胃微生物获得氮源后活力将大大提高，对饲料的消化作用也将增强。氨化处理通过碱化与氨化的双重作用提高作物的营养价值。

（3）生物学处理

生物学处理是近年来人们研究的一种对秸秆等粗饲料进行处理的生物方法，具有处理能耗低、成本低，且能够较大幅度提高作物秸秆营养价值的优点。

生物处理秸秆可分为两类：一是用秸秆作为基质进行单细胞培养，生产高质量饲料，它可以直接在秸秆上培养能够分解纤维的单细胞生物，也可用化学或酶的作用来水解秸秆中的多聚糖，使之变为单糖，再用单糖来养酵母；二是利用主要分解木质素而不是纤维素的生物或用木质素酶使秸秆中的木质素分解，破坏纤维素－木质素－半纤维素的复合结构，从而达到提高消化率的目的。

（4）复合处理

在生产实践上，各种方法常常结合使用，各种处理方法对于改进秸秆营养价值，提高秸秆利用率均有不同程度的作用。

86. 如何开展秸秆青贮利用？

利用自然界（如青贮原料、空气等）的乳酸菌微生物的生命活动，通过发酵作用将秸秆原料中的糖类等碳水化合物变成乳酸等有机酸，增加青贮料的酸度，加之厌氧的青贮环境也抑制了霉菌的活动，使青贮料得以长期保存。秸秆的青贮法也是一种微生物发酵的方法，是以乳酸菌为主的自然发酵。适宜于青贮的农作物秸秆主要是玉米秸、高粱秸和黍类作物的秸秆。

在秸秆的青贮过程中，微生物发酵能够产生有用的代谢产物，使青贮秸秆饲料带有芳香、酸、甜的味道，能提高牲畜的适口性从而增加采食量。青贮还能有效地保存青绿植物的维生素和蛋白质等营养成分，同时还增加了一定数量的能为畜禽利用的乳酸和菌体蛋白质。青贮设备的种类很多，主要有青贮塔、青贮窖、青贮壕、青贮袋以及平地青贮等。青贮设备可采用土窖，或者砖砌、钢筋混凝土，也可用塑料制品、木制品或钢材制作。

（1）青贮方式分类

秸秆饲料青贮方式根据青贮设备设施不同，可以分为地上堆贮法、窖内青贮法、水泥池青贮法、土窖青贮法等。

① 地上堆贮法。选用无毒聚乙烯塑料薄膜，制成直径 1 米、长 1.66 米的口袋，每袋可装切短的玉米秸 250 千克左右。装满后扎紧袋口堆放。这种青贮法的优点是花工少、成本低、方法简单、取喂方便，适宜一家一户贮存。

② 窖内青贮法。首先挖好圆形窖，将制好的塑料袋放入窖内，然后装料，原料装满后封口盖实。这种青贮方法的优点是塑料袋不易破损、漏气、进水。

③ 水泥池青贮法。在地下或地面砌水泥池，将切碎的青贮原料装入池内封口。这种青贮法的优点是池内不易进气进水，经久耐用，成功率高。

④ 土窖青贮法。选择地势高、土质硬、干燥朝阳、排水容易、地下水位低、距畜舍近、取用方便的地方，根据青贮量挖一

长方形或圆形土窖，底和周围铺一层塑料薄膜，装满青贮原料后，上面再盖塑料薄膜封土。这种青贮方法的优点是贮量大、成本低、方法简单。

（2）调制方法分类

根据青贮饲料的调制方法可以分为高水分青贮、低水分青贮、混合青贮和添加剂青贮等，分述如下。

① 高水分青贮又叫普通青贮，是指青贮原料不经过晾晒，不添加其他成分直接进行青贮，青贮原料的含水量高达75%。

② 低水分青贮又叫半干青贮，是将原料晾晒到含水量为40%～55%后进行青贮。

③ 混合青贮又叫复合青贮，是将两种或两种以上青贮原料按一定比例混合进行青贮。

④ 添加剂青贮又叫外加剂青贮，是为了获得优质青贮料而借助添加剂对青贮发酵过程进行控制的一种保存青绿饲料的措施。

（3）调制方法

① 原料含水率的调节。一般情况下，青贮技术对原料的含水率要求在70%左右，原料含水率过低，不易压实，内有空气，易引起霉败；原料含水率过高，则可溶性营养物质易渗出流失，影响青贮的品质。

② 收贮、切短、压实、密封和管理。原料的适时收贮对青贮饲料的营养品质影响很大。一般专用于青贮的玉米，要求在乳熟期后期收割，将基叶与玉米果穗一起切碎进行青贮。原料一定要切碎，越碎越好，这样易于压实，并能提高青贮袋、窖的利用率。同时切碎后渗出的汁液中有一定量的糖分，利于乳酸菌迅速繁殖发酵，便于提高青贮饲料的品质。

87. 影响青贮饲料质量的因素有哪些？

提高青贮饲料质量是饲养高产家畜的关键，也是降低成本的重要方面，影响青贮饲料质量的因素很多。

（1）影响青贮原料的因素

① 牧草作物与品质。作物或牧草在植物分类上科、属、种不同，其营养成分含量也不同。在同一种中不同的栽培品种其营养成分含量亦不同。

② 生长期。品种确定后，植物在生长期的不同阶段其营养成分含量及其养分消化率和利用率也不同。综合考虑，要选择可消化营养物质产量最高时收割。

③ 土壤和肥力。植物需要的水分和养分主要通过植物根系从土壤中吸收，因此土壤类型不同、土壤结构不同、土壤肥力不同均可造成饲草作物营养成分含量有差异。

④ 气候（光、温度、水、空气流动）与地形。光照强度（强光、弱光、遮阳）、气温高低及昼夜温差、大气水分（雨、雪、冰、雹、雾）对饲草作物营养成分含量有影响。

（2）影响青贮发酵的因素

决定青贮发酵程度和方式的主要因素有干物质含量、水溶性碳水化合物含量、缓冲能力、硝酸盐含量、氧气和青贮保存能力等。

① 干物质含量（或水分含量）。青贮植物水分含量影响细菌总数和发酵速率。作物含水量过高易造成梭菌发酵、损失青贮养分。干物质含量过高（水分太低）、液体青贮料浓度较大、渗透压较高、青贮发酵过程受到抑制，青贮结束时糖分剩余量相对增多、酵母和霉菌易于生长、易引起"二次发酵"，导致青贮霉烂。

② 缓冲能力。缓冲能力或抗 pH 值变化的能力是影响青贮的重要因素，通常用改变 1 千克干物质 pH 值所需碱的毫克当量数

来表示。豆科牧草较难青贮，饲草作物的缓冲性能有阴离子（有机酸盐、正磷酸盐、硫酸盐、硝酸盐、氯化物）和植物蛋白共同来完成，青贮原料的缓冲能力与青贮料的缓冲能力有关。

③ 水溶性碳水化合物含量。水溶性碳水化合物含量充足才能保证青贮成功，它是青贮成败的关键，该指标主要受植物水分含量的影响，作物品种、生长阶段、气候、地形、施肥等对它也有影响。所以在青贮料糖分含量低于 3% 时，就应添加其他含糖量高的物质。一般良好的青贮要求原料水溶性碳水化合物含量至少达到 30 克/千克鲜重。

④ 硝酸盐含量。青贮作物硝酸盐含量与水溶性碳水化合物含量呈负相关关系。硝酸盐含量能够对青贮中产生丁酸的梭菌繁殖有明显的影响，这种抑制作用是由于亚硝酸盐造成的。在保存较差的青贮料中，几乎所有硝酸盐被还原成氨。

⑤ 氧气。理想的青贮是作物一旦收割就马上贮存在密封环境中，但这很不切合实际情况，实际上氧气或多或少都存在着，它能造成氧化损失，所以要尽可能压实、把空气排除掉、防止空气进入。

⑥ 青贮保存能力。保存能力是指饲草作物良好发酵的能力以及在不用添加剂时，青贮窖打开饲喂时作物所具有的良好保存能力。通常青贮发酵质量越好，青贮过程中水溶性碳水化合物剩余量越多，那么开窖后当暴露于空气中时，尤其气温升高时，青贮料越易腐败变质。

综上所述，提高青贮质量需要对饲草作物收获前和收获后的良好管理，适期刈割（带穗玉米蜡熟至黄熟期、豆科在开花初期）、原料水分适当对青贮质量提高很重要，已收获的饲草作物要尽快切短、装窖、压实、密封，开窖后更要加强管理，收获制作过程越快，青贮质量越高，尤其在天气炎热时更是如此。

（3）生产中常用的青贮饲料添加剂主要包括以下几种

① 氨水和尿素。氨水和尿素是较早用于青贮饲料的一类添

加剂，适用于玉米、高粱和其他禾谷类。

② 甲酸。甲酸是很好的有机酸保护剂，可抑制芽孢杆菌及革兰阳性菌的活动，减少饲料营养损失。

③ 丙酸。

④ 稀硫酸、盐酸。

⑤ 甲醛。

⑥ 食盐。加入食盐可促进细胞液渗出，有利于乳酸菌发酵。

⑦ 糖蜜。在含糖量少的青贮原料中添加糖蜜，增加可溶性糖含量，有利于乳酸菌发酵，减少饲料营养损失。

⑧ 活干菌。用活干菌微贮秸秆是近年来有些地方使用的一种青贮新方法。添加活干菌处理秸秆可将秸秆中的木质素、纤维素等酶解，使秸秆柔软，pH 值下降，有害菌活动受到抑制，糖分及有机酸含量增加，从而提高消化率。

青贮中所用添加剂根据作用效果不同一般分为四种：发酵促进剂、发酵抑制剂、营养性添加剂和防腐剂。发酵促进剂主要包括：乳酸菌、纤维素酶和碳水化合物。营养添加剂包括尿素、盐类、碳水化合物等，主要用来补充青贮饲料营养成分不足，有些可改善发酵过程。

88. 如何评定青贮秸秆饲料的质量？

（1）感官评定

通过青贮饲料的色泽、气味和质地来进行质量评定。

① 色泽。优质的青贮饲料非常接近于作物原先的颜色，若青贮前作物为绿色，青贮后仍为绿色或黄绿色为佳。温度越低，青贮饲料越接近原先的颜色。青贮榨出的汁液是很好的指示器，通常颜色越浅，表明青贮越成功，禾本科牧草尤其如此。

② 气味。品质优良的青贮通常具有轻微的酸味和水果香味，

类似刚切开的面包味和香烟味（由于存在乳酸所致）。

③ 结构。植物的结构（茎、叶等）应当能清晰辨认。结构破坏及呈黏滑状态是青贮严重腐败的标志。

（2）实验室评定

实验室评定主要以化学分析为主，包括测定 pH 值以及测定有机酸（乙酸、丙酸、丁酸、乳酸）的总量和构成，以此可以判断发酵的情况。测定游离氨（最好测定氨态氮与总氮的比值），则是评估蛋白质破坏程度最有效的尺度。取样一定要有代表性。无论是长方形青贮窖、圆形青贮窖或青贮塔，都应遵循通用的对角线和上、中、下设点取样的原则。样品取出应尽快测定pH 值和氨态氮，并作感官评定记录，其余营养成分按饲料常规分析方法进行。具体标准见表 7－1 至表 7－4。

表 7－1　pH 值与青贮质量关系

pH 值	3.5~4.1	4.2~4.5	4.6~5.0	5.1~5.6	>5.6
青贮质量	很好	好	可用	差	极差

表 7－2　用有机酸评定青贮质量标准

总分	青贮质量	总分	青贮质量
0~20	失败	61~80	好
21~40	差	81~100	很好
41~60	合格		

表 7－3　用氨态氮与总氮比值（%）评定青贮质量标准

总分	青贮质量	总分	青贮质量
0~5	很好	15~20	差
6~10	好	20~30	坏
10~15	可用	>30	极坏

表 7 – 4　青贮玉米秸秆质量评定标准

项目	配点	优等	良好	一般	劣等	备注
pH 值	25	3.4 ~ 3.8 (25)	3.9 ~ 4.1 (17)	4.2 ~ 4.7 (8)	4.8 以上 (0)	
水分	20	70% ~ 75% (20)	76% ~ 80% (13)	80% ~ 85% (7)	86% 以上 (0)	
气味	25	甘酸香味舒适感 (25)	淡酸味 (17)	刺鼻酸味 (8)	腐败味、霉烂味 (0)	用广泛试纸测
色泽	20	亮黄色 (20)	褐黄色 (13)	中间 (7)	暗褐色 (0)	
质地	10	松散柔软不粘手 (10)	中间 (7)	略带黏性 (3)	发黏结块	
合计	100	76 ~ 100	51 ~ 75	26 ~ 50	25 以下	

89. 机械化裹包青贮技术在我国有哪些应用？

目前，世界上先进的青贮技术是机械化裹包青贮技术和机械化袋装青贮技术，我国河南、内蒙古和北京等省市也先后引进了此项技术。

(1) 机械化裹包青贮技术的设备性能

① 揉切机或玉米秸秆收获机。揉切机可将作物秸秆揉成丝状切断，将秸秆间节揉碎，提高青贮饲料的适口性，减少浪费；玉米秸秆收获机可一次性完成秸秆收获、揉切、集箱，直接用于青贮。

② 打捆机。可将揉切好的青贮原料在短时间内打成 50 千克重的圆捆。

③ 专用拉伸膜。裹包青贮的专用密封膜，拉伸强度高，抗穿刺、抗撕裂能力强，裹包后可自动封口，具有较强的抗紫外线功能，在露天烈日下可存放两年。

④ 裹包机。机上装有预拉伸装置，可将打好的草捆自动裹

包,并可预先设定裹包层数。

（2）机械化裹包青贮技术的主要优点

① 青贮饲料质量好。传统窖贮青贮饲料含粗蛋白 5.6%、可消化蛋白 1.1%、粗纤维 38%、钙 0.4%、磷 0.3%；裹包青贮饲料的上述成分含量分别为 5.82%、2.36%、36%、1.09% 和 0.36%。

② 损失浪费极少。一是没有霉变损失；二是适口性提高后减少浪费；三是节省了建窖土地。

③ 易储存,时间长。不受季节和日晒雨淋的影响,可在 -40~40℃ 条件下露天码放 1~2 年。

④ 易于运输和商品化。

⑤ 长期采食可提高奶、肉质量,减轻防疫负担。

（3）生产成本对比

① 传统窖贮。按年产 800 吨青饲料计,建窖所需费用 1.5 万元,加上铡草机、维修费,并除去霉变损失,按 10 年使用期计算,每吨饲料费用 58.55 元。

② 机械化裹包青贮。投入设备费用包括揉切机、打捆机和裹包机各 1 台,共计 4.5 万元。机械化裹包青贮技术,虽然在生产成本上比传统窖贮每吨多花不到 1 元钱,但对提高奶、肉的产量、质量和防疫带来的巨大潜在效益,是传统窖贮方法无法比拟的；其贮存时间长,占地少,为畜牧业的发展提供了坚实的物质保证。

90. 什么是农作物秸秆氨化技术？

（1）氨化原理及效果

秸秆氨化,就是在密闭的条件下,用尿素或液氨等对秸秆进行处理的方法。氨的水溶液氢氨化铵呈碱性,由于碱化作用可使秸秆中的纤维素、半纤维素与木质素分离，引起细胞壁膨胀，结构变得疏松而易于消化；另一方面，氨与秸秆中的有机物形成醋酸铵，这是一种非蛋白氮化合物，是反刍动物瘤胃微生物的营养源，它能与有关元素一起进一步合成菌体蛋白质被动物吸收。此外，氨还能中和秸秆中潜在的酸度，为瘤胃微生物的生长繁殖创造良好的环境。通常，秸秆氨化后消化率提高 15% ~ 30% 以上，含氮量增加 1.5 ~ 2 倍，相当于含 9% ~ 10% 的粗蛋白，适口性好，采食量增加，未经处理的秸秆含氮量是 0.5% ~ 0.6%（按干物质计）。同时，由于氨化后的秸秆质地松软、气味糊香、颜色棕黄，提高了牲畜对它的适口性，增加了采食量，从而使家畜日增重和饲料报酬明显提高。

（2）秸秆氨化的主要氨源

我国目前氨化秸秆所用氨源主要是液氨、尿素和碳铵。

① 液氨。又叫无水氨，分子式为 NH_3，含氮量 82.4%，常用量为秸秆干物质质量的 3%，它是最为经济的一种氨源，氨化效果也最好。

② 尿素。含氮量为 46.67%，分子式为 $CO(NH_2)_2$，在适宜温度和脲酶的作用下，可以分解成二氧化碳和氨。生成氨可以氨化秸秆。尿素的用量可以在很大范围内变动，氨化均能成功。尿素可以方便地在常温常压下运输，氨化时不需要复杂的设备，且对健康无害。此外，用尿素溶液氨化秸秆，对密封条件的要求也不像液氨那样严格。

③ 碳铵。碳铵的含氮量为 15% ~ 17%，分子式为 NH_4HCO_3，在适宜的温度条件下，可分解成氨、二氧化碳和水。碳铵是我国化肥工业的主要产品，供应充足，价格便宜，零售价每吨 300 元左右（尿素 1 000 元以上），而且使用方便。由于碳铵是尿素分解成氨的中间产物，从理论上分析，只要用量适宜，碳铵处理应该能达到尿素处理的效果。

91. 农作物秸秆氨化主要有哪些方法？

（1）小型容器法

小型容器有窖、池、缸及塑料袋几种。氨化前可用铡草机将秸秆铡成细节，也可整株、整捆氨化。一般干的秸秆含水率 7% ~ 10%。若用液氨，先将秸秆加水至含水率 30% 左右，装入容器，留个注氨口，待注入相当于干秸秆量 3% 的液氨后封闭。如果用尿素作氨源，则先将相当于秸秆量 5% ~ 6% 的尿素溶于适当的水，与秸秆混合均匀，使秸秆含水率约达 40%，然后装入容器密闭。小型容器法适宜于个体农户的小规模生产。该方法是我国最为普及的一种方法。其优点是：一池多用，既可氨化，又可青贮，可以常年使用；好管护，解决了虫蚀鼠咬破坏薄膜的问题；一次建窖，多年使用；此外，容易测定秸秆的质量。窖的大小根据饲养家畜的种类和数量而定。

（2）堆垛法

先在地上铺一层厚度不少于 0.2 毫米的聚乙烯塑料薄膜，长宽依堆垛大小而定，然后在膜上堆成秸秆垛，膜的周围留出 70 厘米。再在垛上盖塑料薄膜，并将上下膜的边缘包卷起来，埋土密封。有时为了防止盖膜被风撕破和牢靠起见，应在垛的下部用绳子交叉捆牢。用氨水处理堆垛秸秆，其方法近似液氨，用泵将氨水注入垛内，或将氨水罐放在垛的顶部，将盖打开，直接倒入注氨口后封垛。大的秸秆捆氨化处理，既可单捆进行，也可垛起来（堆垛）处理。一般来说，日间气温在 30℃ 以上时，需氨化 5 ~ 7 天；日间气温在 20 ~ 30℃ 时，需 7 ~ 14 天；日间气温在 10 ~ 20℃ 时，需 14 ~ 28 天；日间气温在 0 ~ 10℃ 时，需 28 ~ 56 天。氨化结束，打开秸秆垛，在空气中暴露几天，以释放多余的氨气，然后送往棚圈。堆垛法是我国目前应用最广泛的一种方法，它的优点是方法简单，成本低。但是堆垛法所需时间长，所占地盘大，限制了它在大中型牛场的应用。

（3）氨化炉法

氨化炉法是将加氨秸秆在密闭容器内加温至 70 ~ 90℃，保温 10 ~ 15 小时，然后停止加热保持密闭状态 7 ~ 12 小时，开炉后让余氨飘散一天，即可饲喂。基本上可做到一天一炉。氨化炉可采用砖水泥结构的氨化炉，也可以是钢（铁）板结构的氨化炉。砖石结构氨化炉用砖砌墙，水泥抹面，一侧安有双扇门，门用铁皮包裹，内衬石棉保温材料。墙厚 24 厘米，顶厚 20 厘米。后墙中央上下各开一风口，与墙外的风机和管道相连接。加温的同时，开启风机，使室内氨浓度和温度均匀。亦可不用电热器加热，而将氨化炉建造成土烘房的样式。钢铁结构的氨化炉，可以利用淘汰的集装箱、铁罐、发酵罐等铁制的、密封性能好的容器。改装时将内壁涂上耐腐蚀涂料，外面包裹石棉、玻璃纤维等隔热保温材料。

上述两种氨化炉均应装温度自动控制装置，而且安装轨道，制作专门的 2 ~ 3 个草车可沿轨道推进推出。氨化炉虽然一次性投资较大，但经久耐用，生产效率高，综合分析是合算的（堆垛法所用的塑料薄膜只能使用两次）。特别是如果增加了氨回收装置，液氨用量可从 3% 降至 1.5% ~ 2%，则能进一步提高经济效益。

氨化炉的优点：24 小时即可氨化一炉，大大缩短了处理时间；不受季节限制，能均衡生产、均衡供应。但是，氨化炉氨化秸秆成本较高，因而其推广受到限制。

92. 影响氨化饲料质量的因素及其利用需要注意哪些问题?

（1）秸秆原料的品质

一般说来，氨化后秸秆饲喂价值的改进幅度与秸秆原料的品质呈负相关，即品质差的秸秆，氨化后的改进幅度较大；品质好的秸秆，氨化后的改进幅度较小。

（2）秸秆的含水率

秸秆含水率是氨化效果的一个重要因素。氨化秸秆必须有适当的水分，一般以 25% ~ 35% 为宜。水是氨的载体，氨与水结合成氢氧化铵，其中的氨离子和氢氧根离子分别对提高秸秆含氮量和消化率起作用。用尿素或碳铵处理秸秆，含水率以 45% 左右为宜。因为含水率过高，不便于操作运输，秸秆还有霉变的危险。

（3）氨的用量

氨的经济用量在秸秆干物质质量的 2.5% ~ 3.5% 范围内。针对不同的氨源，其用量占秸秆重的比例为：液氨 2.5% ~ 3.0%，尿素 4.0% ~ 6.0%，氨水 10% ~ 15%，碳酸氢铵 10% ~ 15%。

（4）压力

高压可促进氨对秸秆的作用。压力在 1 ~ 5 千克/厘米^2 范围内，提高压力与改进氨化秸秆的体外消化率呈正相关。

（5）环境温度和氨化时间

氨化秸秆的速度与环境温度关系很大，环境温度越高，氨化所需的时间越短。温度提高，氨化秸秆的消化率和含氮量也相应提高。一般适宜的氨化温度为 0 ~ 35℃，最佳温度是 10 ~ 25℃。

温度在 17℃时，氨化时间可少于 28 天；当温度高达 28℃时，只需 10 天左右即可氨化完毕。

93. 农作物秸秆氨化有哪些常用处理设备？

（1）常温氨化设备

常温氨化的方法有堆垛法和地窖法等多种。只要达到密封，在各种容器内均可进行秸秆氨化。

氨化的氨源有液氨（无水氨）、氨水、碳酸氢铵（碳铵）和尿素。后 3 种氨源在使用时，只要加一定比例的水，然后与秸秆很好混合，密封在容器内即可。液氨为氨气在高压下形成的液体，需要专门的容器进行装运储存。向秸秆中施氨时还要有氨枪、流量计、氨压力表以及防护用品等。由于氨对人体有一定程度的毒害作用，所以液氨施用必须遵守安全规则。

（2）加温氨化设备

① 加温氨化池氨化法。将在中国农村广泛应用的一种传统的早春培育甘薯的火炕式加温法应用于秸秆氨化上，即所谓的加温氨化池氨化法。首先利用砖和水泥造池，地上和半地上均可，在池的一端砌炉膛，池底砌两个火道，两火道在池的另一端汇合通向烟囱。氨化时，首先将秸秆入池并按比例加入尿素或碳铵溶液后密封。然后点燃炉膛内的秸秆进行加温（用氨化秸秆的 5% ~ 10%）。大约半天即可使池中温度达 30℃，然后停火密封一周即可取用。若想缩短氨化时间只需加大火量或延长加温时间。

② 利用烤烟房进行氨化。冬季多为烤烟房闲置季节。在烤烟房中装入秸秆，并按比例将尿素以碳铵溶液灌入并密封。然后燃煤进行加温，使秸秆温度达到 40 ~ 50℃，3 ~ 4 天即可完成氨化。对于烤烟生产地区这是一种有效的方法。

③ 氨化炉。对于具有一定饲养规模、氨化饲料的制备需要

工厂化生产、计划性供应的养殖场，氨化炉已被证明是一种适宜的设备。它由炉体和草车两部分组成。可沿连忙道将草车拉出或推进炉内。氨化炉中所用热源已发展到三种，即电、蒸汽和煤。氨化炉可用金属箱体或土建方式建造。用电通过电热管进行加温，可用控温仪进行温度自动控制，用时间继电器控制加温时间。该种氨化炉具有操作简单、省时省工、自动化程度高的优点。用蒸汽作为热源，适用于奶牛场的情况，因为奶牛场必备蒸汽锅炉做消毒等工作用，利用其闲置时间向氨化炉内供气，则是一个很好的搭配。此时，炉温与通汽长短有关。工作时，保证炉内升温达到70℃左右，并保持10~12小时，然后焖炉22~24小时，即可开炉取草。若仅考虑锅炉的燃煤消耗，则其费用仅为用电的40%。一种用燃煤加温同时又能产生蒸汽的土建式氨化炉。该氨化炉的墙体、炉顶和底部均由砖、水泥和保温材料砌成。保温门打开后沿轨道可将草车推进、拉出。氨化炉另一端挖有地坑，内建烧煤的炉膛。炉膛的正上方安装有水箱，用来产生蒸汽，以对秸秆进行热蒸处理。炉膛产生的热流通过主烟道流向另一端，又经次烟道折回，然后由两侧的烟囱排出。

94. 什么是秸秆微贮利用技术？

秸秆微贮是对农作物秸秆机械加工处理后，按比例加入微生物发酵菌剂、辅料及补充水分，并放入密闭设施（水泥池、土窖等，缸、塑料袋等）中，经过一定的发酵过程，使之软化蓬松，转化为质地柔软，湿润膨胀，气味酸香，牛、羊、猪等动物喜食的饲料。

秸秆微贮技术根据仿生学原理，模仿反刍动物前胃消化饲草的过程，对秸秆进行机械粉碎、碱化处理和微生物学处理，使秸秆中大量的纤维素、半纤维素和部分木质素转化为糖类、乳酸、脂肪酸；乳酸菌利用秸秆中的可溶性碳水化合物和添加的养分进行酵解生成真菌蛋白、多种游离氨基酸以及部分维生素等，从而提高秸秆的营养价值。微贮饲料不仅具有青贮饲料的气味芳香、适口性好的特点，还具有自己独有的特点。

（1）制作成本低

每吨秸秆制成微贮饲料只需要 3 克秸秆发酵活干菌（价值10 余元），而每吨秸秆氨化则需要 30～50 千克尿素，在同等条件下秸秆微贮饲料对牛、羊的饲喂效果相当于秸秆氨化饲料。

（2）消化率高

秸秆在微贮过程中，由于高效复合菌的作用，木质纤维素类物质大幅度降解，并转化为乳酸和挥发性脂肪酸（VFA），加之所含酶和其他生物活性物质的作用，提高了牛、羊瘤胃微生物区系的纤维素酶和解酯酶活性。

（3）适口性好

秸秆经微贮处理，可使粗硬秸秆变软，并且有酸香味，刺激了家畜的食欲，从而提高采食量。

（4）秸秆原料来源广泛

麦秸、稻秸、干玉米秸、青玉米秸、土豆秧、牧草等，无论是干秸秆还是青秸秆，都可用秸秆发酵活菌制成优质微贮饲料，且无毒无害、安全可靠。

（5）制作不受季节限制

秸秆发酵菌发酵处理秸秆的温度为 10～40℃，加之无论青的或干的秸秆都能发酵，因此，在我国北方地区除冬季外，春、夏、秋三季都可制作，南方地区全年都可制作。

（6）秸秆微贮的方法

① 水泥窖微贮法。窖壁、窖底采用水泥砌筑，秸秆铡切后入窖，分层按比例喷洒菌液，分层压实，窖口用塑料薄膜盖好，然后覆土密封。优点：一次性投入，经久耐用，窖内不易透气进

水，密封性好，适合规模化养殖场和常年养殖户微贮秸秆饲料的生产。

②土窖微贮法。在窖的底部和四周铺上塑料薄膜，将秸秆铡切入窖，分层喷洒菌液、压实，窖口盖上塑料薄膜，覆土密封。其优点是成本较低，简便易行，适宜散养户微贮秸秆饲料生产，并主要用于补充冬春饲料之不足。

③塑料袋微贮法。根据塑料袋的大小先挖一个圆形窖，然后把塑料袋放入窖内，再放入秸秆，分层喷洒菌液、压实，将塑料袋口扎紧，覆土密封。也可用较厚的塑料袋放在地上直接装料微贮，并集中排放于草料库内。此法最大的优点是灵活方便，适用于一家一户微贮饲料的生产。用一袋取一袋，随用随取，避免了窖贮秸秆每次取料所造成的漏气问题。

④打捆窖内微贮法。把喷洒菌液后的秸秆打成方捆，放进微贮窖内，填充缝隙后，即可封窖发酵。饲喂时，把秸秆整捆取出，揉碎饲喂。此法的好处是开窖取料和运送方便。

95. 秸秆微贮饲料的制作工艺包括哪些内容?

(1) 微贮设施的准备

建窖：建窖要选在地势高燥，地表水位低，离畜舍近，制作取用方便的地方。建窖的材料可因地制宜选用，窖的四周和底部可用砖、石、沙、水泥砌成水泥池结构，也可以铺一层厚塑料薄膜制成土窖塑料薄膜池。

秸秆准备：微贮原料必须是清洁的，应选择发育中等以上、无腐烂变质的各种作物秸秆，品种越多越好，至少要选择三种以上的原料，从而可以保证原料之间的营养进行互补。同时，秸秆切短有利于提高微贮窖的利用率，保证微贮饲料的制作质量。

机械动力的准备：铡草机或揉草机、动力（电动机、柴油

机、手扶拖拉机、农用三轮车等都可作为动力）作业前要搞好
安装、调试并固定好。

物资准备：发酵活干菌、食盐（占加水量的 1%）、大缸、
塑料布。

（2）秸秆微贮技术流程

① 复活菌种。秸秆发酵活干菌每袋 3 克，可处理干秸秆 1
吨或青饲料 2 吨。在处理前将菌种倒入 25 千克水中，充分溶解。
可在水中加糖 2 克，溶解后，再加入活干菌，这样可以提高复活
率、保证饲料质量。

② 配制菌液。将复活好的菌剂倒入充分溶解的 1% 食盐水中
拌匀。食盐水及菌液量根据秸秆的种类而定，1 000 千克稻、麦
秸加 3 克活干菌、12 千克食盐、1 200 升水；1 000 千克黄玉米秸
秆加 3 克活干菌、8 千克食盐、800 升水；1 000 千克青玉米秸加
1.5 克活干菌，水适量，不加食盐。

③ 切短秸秆。用于微贮的秸秆一定要铡短，养牛用 5 ~ 8 厘
米，养羊用 3 ~ 5 厘米。

④ 装填入窖。在窖底铺放 20 ~ 30 厘米厚的秸秆，均匀喷洒
菌液水，压实，再铺 20 ~ 30 厘米秸秆，再喷洒菌液压实，如此
反复。分层压实的目的，是为了排出秸秆空隙中的空气，给发酵
菌繁殖造成厌氧条件，尤其窖的四周要踩实压紧。

⑤ 水分控制。微贮饲料的含水量是否合适是决定微贮饲料
好坏的重要条件之一。因此，在喷洒和压实过程中，要随时检查
秸秆的含水量是否合适，各处是否均匀一致，特别是要注意层与
层之间水分的衔接，不要出现夹干层。微贮含水量在 60% ~
70% 最为理想。

⑥ 封窖。在秸秆分层压实直到高出窖口 40 ~ 50 厘米，在充
分压实后，在最上面均匀洒上食盐粉，用量为 250 克/米^2，其目
的是确保微贮饲料上部不发生霉烂变质。

155

⑦ 开窖。开窖时应从窖的一端开始，先去掉上边覆盖的部分土层、草层，然后揭开薄膜，从上至下垂直逐段取用。

（3）饲喂秸秆微贮饲料的注意事项

① 在气温较高的季节封窖 21 天后，较低季节封窖 30 天后，完成微贮发酵。即可开窖取料饲喂家畜。开窖后首先要进行质量检查，优质的微贮麦（稻）秸和干玉米秸色泽金黄，有醇、果酸香味，手感松散、柔软、温润。

② 在微贮时可加入 5% 的大麦粉、麦麸、玉米粉，但应像分层入秸秆一样分层撒入，目的为各菌繁殖提供营养。

③ 家畜喂微贮饲料时，可与其他饲料和精料搭配，要本着循序渐进、逐步增加喂量的原则饲喂。

96. 什么是秸秆热喷处理技术？

（1）热喷的作用机理与特点

① 热喷的作用机理。秸秆热喷处理就是将铡碎成约 8 厘米长的农作物秸秆，混入饼粕、鸡粪等，装入饲料热喷机内，在一定压力的热饱和蒸汽下，保持一定时间，然后突然降压，使物料从机内喷爆而出，从而改变其结构和某些化学成分，并消毒、除臭，使物料可食性和营养价值得以提高的一种热压力加工工艺。

② 热喷饲料的特点。通过连续的热效应和机械效应，消除了非常规饲料的消化障碍因素，使表面角质层和硅细胞的覆盖基本清洁，纤维素结晶降低，有利于微生物的繁殖和发酵。

由于细胞的游离，饲料颗粒变小，密度增大，总体积变小，而总面积增加。经热喷处理的秸秆饲料可提高其采食量和利用率，热喷后的秸秆其全株采食率由 50% 提高到 90% 以上，秸秆的离体有机物消化率提高 30%～100%。

通过利用尿素等多种非蛋白氮作为热喷秸秆添加剂，可提高粗蛋白水平，降低氨在瘤胃内的释放速度。

热喷装置还可以对菜籽饼、棉籽饼进行脱毒，对鸡、鸭、牛粪等进行去臭、灭菌处理，使之成为蛋白质饲料。

该法既便于工厂机械化规模处理各类秸秆，还能将其他林木副产品及禽粪便处理转化为优质饲料，并能通过成型机把处理后的饲料加工成颗粒、小块及砖型等多种成型饲料，既便于运输，饲喂起来也经济、卫生。

（2）热喷工艺

秸秆饲料热喷工艺是由特殊的热喷装置完成的。热喷设备包括热喷主机和辅助设备两大部分，热喷主机由蒸汽锅炉和压力罐组成。蒸汽锅炉提供中低压蒸汽，压力罐是一个密闭受压容器，是对秸秆原料进行热蒸汽处理并施行喷放的专用设备。辅助设备由切碎机、贮料仓、传送带、泄力罐及其他设备等组成。

原料经铡草机切碎。进入贮料罐内，经进料漏斗，被分批装入安装在地下的压力罐内，将其密封后通过 0.5 ~ 1 兆帕的蒸汽（蒸汽由锅炉提供，进气量和罐内压力由进气阀控制），维持一定时间（1 ~ 30 分钟）后，由排料阀减压喷放，秸秆经排料阀进入泄力罐。喷放出的秸秆可直接饲喂牲畜或压制成型贮运。

（3）热喷饲料品质评定

热喷饲料品质评定分为感观鉴别法和化学分析法。

① 感观鉴别法。秸秆在高温高压条件下经骤然减压过程的处理，一般都具有色泽鲜亮，气味芳香，质地蓬松，适口性好，易于消化吸收的特点。

② 化学分析法。化学分析可以进行化学组成成分的分析和秸秆微细胞结构的分析，如粗蛋白含量、粗纤维含量、细胞壁的疏松度、空隙度等项目的测定。有条件的还可以进行色谱分析，观察其结构性多糖降解产物的增减变化，分析溶解木质素、半纤

维素程度的强弱。如果以上指标比未处理秸秆提高 20% ~ 40%，可以认为是优质产品。

97. 什么是秸秆生物草粉饲料加工技术？

秸秆生物草粉是利用生物菌剂与经过粉碎的秸秆相混合，经过发酵制成的富含菌体蛋白、氨基酸、粗脂肪、酶及多种维生素且有机酸含量高的生物饲料，主要用于猪、鸡、牛、羊等畜禽的添加料，部分替代精饲料养畜。生物菌剂主要由复合活干菌配以微生物繁殖所需要的多种特定营养物质而成。秸秆生物草粉制作与利用是现代草粉养畜的发展方向，与秸秆直接饲喂相比具有三大优势：一是可提高秸秆的采食率和转化率。二是广辟饲草源，使不适宜或不太适宜直接饲喂的秸秆如玉米芯、向日葵盘等变为适宜饲喂的秸秆。三是可替代部分精饲料养殖畜禽，节约饲料粮。

（1）秸秆生物草粉饲料加工的步骤

① 选料。一般农作物秸秆如玉米秸、高粱秸、稻草、麦秸、油菜秆等，均可作草粉的原料。所用原料要求不发霉，含水适中（含水率不超过 15%），便于制粉和保存。

② 秸秆粉碎。将秸秆粉碎成 1 厘米左右。需要注意的是，用于养殖反刍动物的草粉不宜粉碎过细、过粗，用于养殖猪禽的草粉越细越好。各种草粉原料最好单独粉碎，以便按比例配合饲用。

③ 草粉发酵。将粉碎好的禾本科草粉和豆科草粉以 3∶1 的比例混匀，再加水湿润草粉。完全拌好的草粉水分为 60% ~ 70%。为缩短发酵时间，尤其是在冬天，最好用 30 ~ 40℃温水拌草粉。草粉拌好后，将其放在发酵室内温度较高的地方，堆成 30 ~ 50 厘米厚的方形堆，插入温度计，盖上麻袋、草席、塑料布或盖一层 3 ~ 6 厘米厚的草粉，以保持草粉堆内正常的温度和

湿度。制作发酵饲料时室内温度不能低于5℃，冬季可设置火炉或暖气加温。当室温高于10℃时，发酵2~5天即成软、熟、酸、香的生物饲料。如果密封好可长期保存不变质，也可晒干或烘干保存。除堆放发酵外，用水泥池、陶瓷缸、塑料袋等进行草粉发酵更为理想，利于长期密封保存。每次发酵完后，要留一些发酵好的草粉，作下一次发酵的"酵母"。

发酵好的草粉料呈金黄色或酱色，无霉菌生长或变黑；草粉料有酒香味，无霉烂变质等异味；用手摸感觉比发酵前柔软。

（2）秸秆生物草粉饲料饲喂要点

① 营养草粉配制。生物草粉饲料不能单一使用，必须与精料配合一起喂。每100千克草粉加入0.5千克食盐和0.5千克骨粉，并配适量玉米面、麸皮、豆腐渣或胡萝卜，混匀后即成草粉混合饲料，可直接用来替代精料喂牛羊。

② 草粉用料管理。取发酵草粉时，要从前端开始。取后及时盖好，不要四面开花。每次发酵好的草粉应在3个月内用完，以防霉烂变质，影响畜禽健康。

③ 养羊需注意以下问题。

a. 用秸秆生物草粉饲料不能饲喂2月龄前的羔羊。对于2月龄后的羊，必须由少到多，逐渐增加，并要搭配优质饲草和精料。最好不喂豆腐渣，以防拉稀。

b. 草粉不要过湿，以免饲料通过胃肠的速度加快而降低饲料的利用效率。

c. 每只羊每次可喂0.5千克。

98. 什么是秸秆颗粒饲料加工技术?

（1）秸秆颗粒饲料加工

秸秆颗粒饲料加工是将秸秆粉碎或揉搓丝化之后，根据一定的配方，与其他农副产品及饲料添加剂混合搭配，再制成颗粒状的混合饲料。秸秆颗粒饲料加工可将维生素、微量元素、非蛋白氮、添加剂等成分强化进饲料中，达到营养元素的平衡。

（2）加工工艺流程

① 选料。大多数农作物秸秆都可作为颗粒饲料的原料，所选秸秆要确保无腐烂、无石块等杂质。

② 铡短、粉碎。先将秸秆铡至 3～5 厘米长短，再粉碎至玉米粒大小的碎粒。也可用铡切粉碎机一次性处理。将碎粒摊晾，散去热气、水分，装袋堆放于干燥处备用。

③ 掺拌发酵剂。按比例将发酵菌剂撒放到粉碎后的秸秆中，反复翻拌，混合均匀。

④ 掺水。以 100 千克混合料加 85～100 千克温水的比例，逐渐将温水加入混合料中，边加边翻拌，使混合料完全湿润。加水至用手将料握成团不散且不滴水为好。

⑤ 装容器发酵。将拌好的原料装入水泥池、陶瓷缸、塑料袋等容器中，踩实或压实，然后密封发酵。

⑥ 造粒。密封发酵 1 天以上，即可把原料取出用于造粒。

（3）秸秆颗粒饲料加工应注意的问题

① 在秸秆颗粒饲料成型工艺中，一般要在制粒之前，增加快速发酵工序，之后按不同配比要求进行挤压颗粒生产。

② 防霉变。不使用霉烂有毒的秸秆。发酵好的饲料要及时烘干晾晒。如果颗粒饲料长期保存，需加保鲜剂（防腐剂），并注意防潮。

③ 根据牛、羊、猪等牲畜不同营养需求，结合用户饲养要求配比饲料。

（4）秸秆颗粒饲料饲喂应注意的问题

① 改变饲粮（日粮）时，例如由青贮饲料改为颗粒饲料时，应遵循逐渐过渡（10～15 天）原则，以免引起牲畜消化失调。

② 颗粒饲料含水量低（约6%），要保证牛、羊充足的饮水，适当喂些青干草，以利于反刍。

③ 雨天不宜在敞圈饲喂，避免颗粒饲料遇水膨胀变碎，影响采食量和饲料利用率。

④ 人工投料时每天投料2~3次，日给量以饲槽内基本无剩余饲料为宜。

99. 秸秆菌糠饲料加工应注意哪些问题？

（1）秸秆菌糠饲料的制作工艺

秸秆菌糠饲料制作主要采取机械加工处理和生物处理两种方法。机械加工的基本工艺为：选择上等品质的菌糠，进行晒干或烘干，然后粉碎成粒状或粉状，最后进行包装。菌糠生物处理的基本工艺：挑选适宜菌糠进行干燥，加入一些适宜有益菌生长的营养物质，然后将预先选育好的饲料酵母接入菌糠中进行固态发酵，发酵完毕进行摊晾、干燥、粉碎，这样就制得菌糠发酵饲料。

（2）秸秆菌糠饲料加工应注意的问题

① 菌糠选用与收集。为确保菌糠质量，在菌糠选用、收集时要做到如下几点。

a. 应选择采收过3~4茬菌，且菌丝生长旺盛，表面被覆一层白色菌丝体膜、无杂菌污染、子实体分化良好的菌糠。

b. 食用菌培养基中不能含有石灰，也不可含有残留的农药或甲醛等化学药品。

c. 食用菌培养基最好经过高温、高压灭菌，如果是生料栽培，需经高温堆积发酵。

d. 在食用菌出菇期间，防治病虫害时，不能使用高毒、高残留农药。

e. 食用菌生产完成后，要及时把菌糠收集起来，并尽快进行加工处理，防止变质、发霉。要将发霉、发黑等污染部分的菌糠割去，并注意分离杂质。

② 菌糠饲料加工。菌糠粉碎后可直接拌料饲喂牲畜，也可发酵后拌料饲喂，发酵后饲喂效果好。尤其是用生料栽培食用菌所生成的菌糠，一定要经过高温处理或发酵后才可用于饲料加工和饲喂。每次发酵的菌糠不宜过多，以 5~7 天喂完为宜。

③ 饲喂管理与饲用量确定。菌糠饲料只能用作替代日粮中的部分糠麸类饲料，不可替代蛋白质、能量饲料。在饲料中加入菌糠的量，要根据菌糠的营养价值、饲养对象和其食用菌糠时间的长短而定。开始食用菌糠的牲畜，用量宜由少到多，让其有一定的适应过程。

100. 配合秸秆饲料加工的机械有哪些？

机械加工是提高秸秆利用率和饲用率以及实现秸秆粗饲料商品化生产的基础保障和重要手段。

（1）铡草机

国内市场广泛使用的铡草机无论是圆盘式还是滚筒式，多为 20 世纪 50 年代定型产品。其工作原理是：秸秆物料喂入工作室以后，由旋转的动刀盘配合固定底刀将秸秆切成碎段。这类加工机具机型简单、功耗低、生产率较高。

（2）秸秆粉碎机

秸秆粉碎机是目前品种比较多的一类加工机具，采用打击、粉碎和揉搓的加工方式。最常用的类型是锤片式粉碎机。这类机具加工出的秸秆饲料因粒度过于细小而不利于反刍家畜的消化，另外，秸秆粉碎机动力消耗较大。

（3）秸秆揉搓机

秸秆揉搓机是我国于 20 世纪 80 年代末自行研制成功的一种机型。作业时，高速旋转的转盘带动锤片不断撞击由径向喂入的秸秆，同时机器凹板上装有变高度齿板和定刀，斜齿呈螺旋走向，对秸秆进行搓擦和粉碎。经过揉搓后的物料被加工成丝状，秸秆茎节结构被破碎，使牲畜采食的适口性大为改进，提高了消化率，全株采食率从原来的 50% 提高到 95% 以上。但是，这种揉搓机主要存在以下问题：

① 生产率低，很少有超过 1 吨/小时的机型。

② 耗能高，因为是靠锤片击碎和揉碎秸秆，其能耗比相同生产率的铡草机要高出 1~2 倍。

③ 适应性差，不适于高湿或韧性大的物料。

（4）秸秆揉切机

秸秆揉切机是中国农业大学研制的一种新型秸秆加工机具，该型机较好地解决了传统铡草机破节率低而揉搓机能耗高、生产率偏低、物料适应性差等技术难点。其工作原理是：秸秆物料进入工作室后，一部分受到高速旋转的动刀的无支承切割，另一部分落到动刀与定刀之间的秸秆，以及由于随动刀旋转而产生的离心力作用被甩到定刀处的秸秆，都将受到动、定刀的铡切。与此同时，切断的秸秆以及一部分尚未切断的秸秆在动、定刀之间以及动刀与工作室侧壁之间碰撞产生揉搓，使秸秆碎裂。

新型立式喂入结构设计，显著提高了喂入能力和生产率；轴向喂入设计，极大地提高了对高湿、强韧性物料的适应性。适用于青、干玉米秸、稻草、麦秸以及多种青绿饲料的揉切加工，特别是对于多湿、韧性强等难加工物料（如芦苇、荆条等）也有很强的适应性。

（5）秸秆颗粒饲料成型机

目前，我国应用最广泛的秸秆颗粒饲料成型机有环模压粒机和平模压粒机两种。

① 环模压粒机。它由螺旋送料器、搅拌器、压粒器和传动机构等组成。螺旋送料器用来控制进入压粒机的粉料量，其供料数量应能随压粒机负荷进行调节。搅拌室的侧壁开有蒸汽导入口，粉料进到搅拌室后，与高压过饱和蒸汽相混合，有时还加一些油脂、糖蜜和其他添加剂。作业时环模转动，带动压辊旋转，于是压辊不断将粉料挤入环模的模孔中，压实成圆柱形，从孔内挤出后随环模旋转，与切刀相遇时，即被切成颗粒。

② 平模压粒机。该机型是采用水平圆盘压模及与其相配的压辊为主要工作部件的颗粒成型机。其结构主要为料斗、螺旋供料器、蒸汽孔、搅拌调质器、分料器、压辊、平模、切刀、出料盘、电机及传动装置。秸秆原料进入成型机以后，受到压辊挤压作用，进入压模成型孔，压成圆柱形或棱柱形，从压模的下边挤出，切割刀将压模成型孔中挤出的压缩条按需要的尺寸切割成粒，颗粒被切断并排出机体外。

八、秸秆利用其他技术

101. 秸秆制取燃料乙醇技术现状及前景如何？

近年来，利用秸秆等纤维素制取燃料乙醇引起人们的浓厚兴趣，被称为具有良好的发展前景。

农作物秸秆制取乙醇的原理：农作物秸秆转化为乙醇的原理是将作为糖源的碳水化合物的聚合体纤维素、半纤维素与结构复杂的木质素分离，然后将其分解为可发酵性糖，再将混合的戊糖和己糖转化为乙醇，其中木质素是以苯丙烷及其衍生物为基本单元构成的高分子芳香族的酚类聚合物，起胶质的作用，它不能转化为乙醇。

（1）秸秆原料的预处理

由于纤维素被难以降解的木质素所包裹，未经预处理的植物纤维原料的天然结构存在许多物理和化学的屏障作用，阻碍了纤维素酶接近纤维素表面，使纤维素酶难以发挥作用，所以纤维素直接酶水解的效率很低，仅为10%~20%。因此，需要采取预处理措施，除去木质素、溶解半纤维素或破坏纤维素的晶体结构，达到细胞壁结构破坏（包括破坏纤维素—木质素—半纤维素之间的连接、降低纤维素的结晶度和除去木质素或半纤维素）、增加纤维素表面积的目的，以便适合于纤维素酶的作用。

（2）秸秆原料的糖化处理

水解工艺：秸秆预处理后，需对其进行水解，使其转化成可发酵性糖。水解是破坏纤维素和半纤维素中的氢键，将其降解成可发酵性糖：戊糖和己糖。纤维素水解只有在催化剂存在下才能显著地进行。常用的催化剂是无机酸和纤维素酶，由此分别形成了酸水解工艺和酶水解工艺。

20 世纪 80 年代中期开始大规模的生产纤维素酶，主要以固态发酵法为主，即微生物在没有游离水的固体基质上生长。目前最成功生产纤维素酶的菌株来自木霉、曲霉、裂褶菌等。从现有的水平来看，采用温和的酶水解技术可能更为舒适。美国诺维信公司曾经宣布其纤维素酶生产成本降低为原先的 1/12，生产 3.8 升燃料级乙醇所需的纤维素酶的成本已从最初超过 5 美元的水平大幅减少到 50 美分，极大地推进了燃料乙醇的商业化进程。现在该公司又取得了重大进展，纤维素酶生产成本已降低为原来的 1/20，生产 3.8 升燃料级乙醇所需的纤维素酶的成本已低于 30 美分。

102. 秸秆可以炼油吗？

生物质热解液化制取燃油是将生物质在完全缺氧或有限氧供应条件下进行热降解，温度一般控制在 500 ~ 650℃，生成炭、可冷凝气体和不可冷凝气体，将可冷凝气体转换成生物燃油。其一般工艺流程包括生物质物料的干燥、粉碎、热解、冷凝和生物燃油的收集，必要时在热解前还需要进行烘干处理。液体生物油基本上不含硫、氮和金属成分，是一种绿色燃料。生产过程在常压和中温下进行，工艺简单，成本低，装置容易小型化，产品便于运输、存贮。常用的制取生物质液体燃料的反应器都具有加热速率快、反应温度中等、气相停留时间短等共同特征。

目前，世界上 80% 的甲醇是由天然气合成的。天然气合成甲醇是利用天然气的水蒸气重整变换产生合成气；而生物质合成甲醇首先要将生物质转换为富含 H_2 和 CO_2 的原料气。与传统的原料相比，生物质中氧含量较高，所以利用传统汽化方法制备的原料气中 CO 和 CO_2 含量偏高，而 H_2 明显不足，所以 H/C 和 CO/CO_2 距离传统甲醇合成工艺的要求较远。而且原料气中含有惰性气体、焦油、固体颗粒及碳氢化合物等，所以不能直接转换成甲醇，需要经过中间环节，如气体净化和原料气调整等，即构成生物质汽化甲醇合成系统，主要由生物质预处理、热解汽化、气体净化、气体重整、H_2/CO 比例调节、甲醇（二甲醚）合成及分离步骤构成。生物质合成甲醇或二甲醚（DME）首先要将生物质转换为富含 H_2 和 CO 的合成气。

随着国际市场上油价的持续攀升，美、日、欧盟等国为减少能源对外依赖度，纷纷开展用生物质制取燃料的研究开发工作。从 20 世纪 80 年代开始，美国、日本和欧洲诸国就致力于开发由生物质合成甲醇的技术，到 90 年代已经取得相当的进展，有很多公司都建立了生物质制甲醇的示范装置。

103. 秸秆人造板工业发展及前景如何？

充分利用现有资源，将秸秆通过相应技术加工成经济实用的建筑用材料，对于缓解国内木材供应数量不足和供应趋势的矛盾、节约森林资源、发展秸秆建筑产业具有十分重要的意义。发展秸秆人造板生产，对于减少木材采伐量，保护森林，保护生态环境有十分重大的意义。用麦秸秆（或稻草）生产的人造板质轻、高强、保温、隔声，机械加工性能良好，可锯、钻、刨、钉；产品质量能达到美国 ANSI 标准（A208.1-1993）中 M-3 级工业用板的要求，完全可与木质人造板相媲美，被称为"绿色环保型"人造板材。

我国农作物秸秆人造板技术研究始于 20 世纪 70 年代初，重点研究以甘蔗渣为原料制造硬质纤维板的湿法生产工艺技术。20世纪 80 年代初，中国林业科学研究院木材工业研究所等进行系列非木质纤维人造板的工艺与材性研究，先后成功开发出稻壳板、麦秸板、棉秆板和麻秆板、稻秸板等工艺技术。并于 20 世纪 80 年代中后期分别在广东、江西、江苏、河北等地建立 10 余条生产线，主要产品类型有刨花板和硬质纤维板等。南京林业大学（南林大）、东北林业大学、中国林业科学研究院等均加大了农作物秸秆人造板技术的研究力度，已研制开发出麦秸刨花板，麦秸、稻秸中密度纤维板等一系列秸秆人造板新产品。

异氰酸酯（MDI）胶与麦秸可以黏合用于制造板，其具有相对分子质量小、反应活性高等特点。易于与农作物秸秆表面之间产生扩散与渗透，进而产生化学反应。同时，原胶中的水分还会进一步促使反应的进行，最终形成牢固的化学胶接。MDI 胶在秸秆人造板生产中的成功应用及其自身所具有的这些优势为秸秆人造板走向市场且具备一定的竞争能力打下坚实的基础。

（1）秸秆制板工艺

农作物秸秆—拆捆—切碎—清除杂质—拌胶—铺装—预压—热压—切割裁边—成品板。

（2）秸秆制板的主要设备

铡草机、筛选机、拌胶机、铺装机、热压机、裁边机、锅炉。将这些设备组装配套形成流水线，自动化程度高，适用于规模化生产。

（3）农作物秸秆人造板技术难点

① 秸秆收集和贮存问题。作为一年生草本植物，非木质秸秆原料的收集、贮存与木材有很大区别。尽管秸秆田头收购价格每吨不过几十元，但最终成本有可能到达每吨 200 元左右，与木材原料价格相差无几。

② 生产技术问题。故采用传统的办法进行物料破碎或纤维

分离，得板率低、形态差，影响了产品的物理力学性能；而且由于秸秆表面多含有不利于胶合的物质，故采用传统的脲醛树脂或酚醛树脂胶，难以得到满意的胶合强度。

③ 产品结构问题。主要以普通刨花板为主，轻质秸秆人造板的研究才刚刚起步，尚待进一步开发。各类新型的农作物秸秆人造板也需要去研究。

④ 生产规模问题。由于受投资能力的制约，无法使用一些先进的技术设备，因而产品质量不高，产品规格单一，市场竞争力不强。

⑤ 生产过程中的脱模问题。麦秸及稻秸人造板使用异氰酸酯作为胶黏剂，虽然解决了脲醛树脂胶合不良的问题，但同时也存在热压板表面严重粘板问题。

⑥ 秸秆刨花施胶的均匀性问题。由于异氰酸酯的价格高，施胶量一般宜控制在4%左右。然而秸秆刨花的密度仅为木刨花的 $1/5 \sim 1/4$。

104. 秸秆人造板技术在建筑墙体材料上有哪些优点？

（1）隔热、保温、节能

轻型人造板若作为墙体材料其质量是砖墙的 $1/10$，而传热与导热仅有砖墙的 $1/20 \sim 1/3$，大大降低取暖支出。

（2）隔声

建筑设计中的隔声主要针对于空气声（声源经过空气向四周传播的噪声）与固体声（声源经过固体向四周传播的噪声）。

（3）轻质

秸秆人造板相对于混凝土、砖石结构材料而言是轻质材料。轻质墙体材料可以减少建筑物的自重，提高结构抗震能力，减少建筑物的基础处理费用，降低造价，节约运输费用。

（4）施工快捷

秸秆板复合墙体材料，可采用装配式施工，按图制作，便捷安装，加快了施工速度，减少了材料的堆积面积，促进了文明施工。

105. 秸秆人造板工业发展过程中应注意的问题？

（1）原料的收购、贮运及质量保障

农作物秸秆是一年生植物原料，多数集中在农村，季节性也比较强，收购时间集中，因而给原料的收集和贮存带来了一定的困难，尤其是贮存和运输的过程中要加强防火、防霉和排水工作，这也相应地增加了生产成本。此外，在原料收购过程中，可能会有少数不法人员贪图小利益，对秸秆原料掺杂使假（如石头、泥块等），以增加质量；再者，受一些小型造纸厂争夺原材料的影响，麦秸秆的价格趋于上涨。因而，在投资秸秆人造板生产线时，建厂规模不宜过大，厂址的选择也要慎之又慎，既要保证充足的原料供应，又不能使原料的收购半径过大，以节约成本，且要严把原料进厂质量关和做好原料的贮存，还要避免在同一地区重复建厂，国家也应加强这方面的宏观调控。

（2）生产过程中的施胶均匀性

秸秆人造板生产过程中采用的是异氰酸酯（PMDI）胶黏剂，其胶合性能比脲醛树脂（UF）好得多，但价格也较高，为了降低成本，一般企业将施胶量控制在4%左右，约为UF胶黏剂施加量的1/4；而秸秆刨花的密度却是木材刨花的1/5左右，这就意味着生产同样物理力学性质的秸秆人造板需要的原料量将大幅度增加。一方面是施胶量的减少，一方面又是原料量的增加，这就使得施胶的均匀性成为整个生产过程中的关键环节之一。此外，秸秆原料在干燥状态下的脆性较大，在生产和运输的过程中极易产生粉末状物质，而粉末状物质增多，必然会降低产品的强度和增加胶黏剂的施加量。因此，为了解决施胶的均匀性问题，一方面要研制新的施胶设备和施胶工艺，提高胶料计量系统的精度，另一方面要严格控制原料的含水率，降低粉末状原料所占的比例。

（3）生产过程中的脱模问题

秸秆人造板生产过程中采用 PMDI 作为胶黏剂，虽然解决了脲醛树脂胶合不良的问题，但同时也存在着热压板表面严重的粘板现象，因而也带来了生产过程中的脱模问题。目前，国内解决这一问题的方法有脱模剂法、物理隔离法和分层施胶法等，也有企业采用在板坯表面铺洒未施胶的木粉的方法来隔离板坯和热压板或垫板的接触，然后采用砂光的办法除去板材表面的木粉，以达到脱模的目的。但无论采用何种方法，都增加了生产工序，也无疑增加了生产成本。部分企业引进国外先进的脱模技术取得了不错的效果，但产品价格不容忽视。因此，我们要研究和开发脱模效果稳定可靠、价格低廉的脱模剂和脱模工艺，解决秸秆人造板生产中的脱模问题。

（4）板坯运输和热压时间问题

尽管异氰酸酯在热压过程中的胶合效果较好，但其初黏性不太理想，加之麦秸表面较光滑，导致板坯的运输性能较差。山东汶上麦秸刨花板生产线的失败，很大程度上就是因为没有解决好胶黏剂的初黏性差而导致的散坯问题造成的。目前解决这一问题，可以采用将多层压机改为单层压机的办法，或者采用在板坯进入压机前，增加一个预压工序和提高板坯运输的平稳度的办法。此外，由于生产工艺的原因造成的热压时间过长，也是生产成本增加的一个重要方面。例如，四川国栋年产 50 000 米³ 的麦秸刨花板生产线，如果改为生产普通木质刨花板，则年产量至少可以提高到 100 000 米^3 以上。从目前已建成投产的几家公司的生产情况来看，秸秆人造板在生产过程中的平均热压时间在 18 ~ 20 秒/毫米，有的时间还长，高达 35 秒/毫米以上，这样一来就会造成设备产能的降低、单位能耗的增加以及产品含水率的下降等一系列问题，其中含水率的下降为刨花板的翘曲变形埋下了隐患，这也是有待于科技工作者解决的关键问题之一。

106. 我国秸秆人造板工业的发展现状?

我国对秸秆人造板的研究最早可以追溯到 20 世纪 50 年代末，最先开始研究的是蔗渣纤维板。到 20 世纪 70 年代末，原轻工业部糖业研究所已在广东建设了 10 条蔗渣纤维板生产线。1984 年哈尔滨林业机械厂在广东建设了第一条蔗渣刨花板生产线。同时，在新疆、东北等地开始了利用亚麻屑生产刨花板的尝试和探索。但是，这一时期对麦秸和稻草人造板的研究和制造，受胶黏剂市场环境和工艺技术的限制，生产出来的产品的物理力学性能较差，达不到国家相关标准的要求，因而在市场上也难觅其踪影。

进入 20 世纪 90 年代，受国外使用 PMDI 胶黏剂生产麦秸板的成功经验的影响，加之我国的人造板原料供应日趋紧张和政府对焚烧秸秆问题的日益重视等原因，我国对利用麦秸、稻草等农作物秸秆和农业剩余物生产人造板的研究开发和推广实践工作进入了一个崭新的时期，此时的研究工作已经不再仅仅局限于实验室，而是将理论研究应用到生产实践中。1998 年，通过引进国外设备，河北曲周县人造板厂成功生产出我国第一批麦秸刨花板，并于 1999 年 3 月通过了河北省科委组织的技术鉴定，同年获国家重点新产品证书；山东汶上随即于 1999 年建造了我国第一条国产 30 000 米^3/年麦秸刨花板生产线，但是由于设备和工艺技术不过关,最终改为生产木材中密度纤维板。

　　尽管这个结果对我国的秸秆人造板工业造成了一定的阴影,但是在接下来的几年里,国内依然掀起了一股投资秸秆人造板工业的热潮。2000 年,湖北省公安县建设了一条稻草板生产线,开始采用脲醛树脂,后改用异氰酸酯作胶黏剂;2003 年,该厂在积累了一定经验基础上,又投资兴建了 1 条年产 50 000 米^{3}的稻草板生产线。2001 年,四川国栋引进芬兰美卓公司的设备,建造了 1 条年产 50 000 米^{3}的麦秸刨花板生产线,已有一些产品投放市场,但未进行大规模商业运作。2003 年,上海康拜环保有限公司购买英国成套设备和工艺技术,建立了 1 条年产 15 000 米^{3}的麦秸刨花板生产线,并进行了深入的研究,但还存在一些问题。同年,依靠中国林科院木材工业研究所的技术支持,山东淄博也建立了 1 条年产 15 000 米^{3}的麦秸板生产线,并于 2005 年 12 月通过了技术鉴定。

　　2004 年,江苏淮安建设完成 1 条年产 5 000 米^{3}的稻草板生产线,部分设备和工艺实现了国产化,自 2004 年 12 月投产以来,已经为市场提供一些商品板材。同年,上海某秸秆人造板公司又购进两套国外蔗渣刨花板设备,安装在山东菏泽。2004 年,上海康拜公司在江苏灌南投资兴建了 1 条年产 30 000 米^{3}的麦秸刨花板生产线,引进的是英国设备,2005 年 6 月开业,下半年即有产品进入市场。近来,秸秆人造板的投资浪潮依然方兴未艾。安徽合肥的秸秆人造板项目设备安装已经接近尾声,黑龙江的稻草板项目也正在积极运作,陕西 1 条年产 50 000 米^{3}的麦秸刨花板生产线也即将在杨凌兴建。我国秸秆人造板工业已经步入了快速发展的新时期。

　　除了上述的蔗渣、麦秸和稻草秸秆板的研发和实践,我国还进行了秸秆墙体材料的研制。南京林业大学将麦秸加工成 60～80 毫米的原料单元,施加异氰酸酯胶黏剂后铺装成板坯,再压制成密度为 250 ~ 300 千克/米^3 的轻质保温材料，饰以水泥或石膏，可用作框架结构房屋的内外墙，获得了发明专利。上海人造板机器厂发明了挤压式麦秸墙体板，表面饰以特殊装饰纸，可用于墙体和天花板。四川星河建筑材料有限公司发明了模压成型麦秸墙体板，该材料同时具有防火、防水、防震、防裂和防老化等多种性能，市场前景看好，但目前尚未大规模推广。

107. 我国秸秆人造板工业的前景展望？

尽管我国秸秆人造板工业的发展还存在着以上诸多需要解决的问题，有些关键技术还没有完全掌握，但是可以看到，进入20 世纪 90 年代以来，在短短的十几年中，我国秸秆人造板工业，尤其是稻、麦秸秆刨花板工业所取得的成就是前所未有的。基于以下几方面的原因，我国的秸秆人造板工业必将进入一个崭新的快速发展时期。

① 我国是一个森林资源严重匮乏的国家，尤其是用材林资源，由于长期过度消耗，已出现严重危机。据《我国森林资源发展趋势研究》课题组预测，我国用材林中的蓄积量将由 1993 年 19. 63 亿米^3 减至 2010 年的 8. 75 亿米^3，而木材的需求量却在逐年增加，因此，我国在今后相当长的一段时间内，都将面临木材总量供给严重不足的局面，这为秸秆人造板工业的发展提供前所未有的机遇。

② 由于天然林保护工程的实施，木材供需矛盾将更加尖锐，人造板工业所需原料将逐渐由采伐加工剩余物为主转向依靠人工速生林、小径材和非木材植物纤维资源。我国具有丰富的农作物秸秆资源，大力发展秸秆人造板，不仅可以节约森林资源，提供更多的人造板原料，还可以增加农民收入，提高农业剩余物的综合利用率，为环境保护作出贡献，同时有助于贯彻落实中共中央

建设节约型社会的号召和实现我国林产工业的可持续发展，这为秸秆人造板发展提供了强大的动力。

③ 政府对秸秆人造板工业给予了大力支持，通过税收倾斜和提供专项研发资金推动我国秸秆人造板工业快速发展。例如，国家税务总局、财政部《关于企业所得税若干优惠政策的通知》中明确指出：企业在原设计规定的产品以外，综合利用本企业生产过程中产生的、并在《资源综合利用目录》内罗列的资源为主要原料，生产所得自生产经营之日起，免征所得税 5 年。"十五"期间，科技部也将秸秆人造板列入了"863 国家高技术研究发展计划"，拨专项资金，委托中国林科院和南京林业大学进行秸秆人造板方面的研究，这无疑为秸秆人造板工业的发展提供了优厚的政策导向和资金支持。

④ 随着我国国民经济持续快速的发展，城市住房制度的改革，未来几年里，建筑业和家具业对板材的需求很大。在建筑业上，秸秆人造板可用作室内门、天花板、墙面材料等，秸秆墙体材料成本低，安装方便，可望获得良好的经济效益。在家具制造业中，秸秆人造板的力学强度已经达到木质碎料板的要求，将其应用到家具制造和室内装修中，将会有广阔的市场前景。

108. 秸秆栽培食用菌的常规技术有哪些？

秸秆富含食用菌所必需的碳源（单糖、双糖、半纤维素、木质素等）、氮源（蛋白质、氨基酸、尿素、硫酸铵等）、矿物质（钾、钙、磷、镁、铁、硫、硼等）、纤维素等营养物质，加上我国秸秆资源丰富、成本低廉，很适合做食用菌的培养料。基料的一般处理方法如下。

（1）稻麦秸秆处理

稻麦秸秆处理将稻麦秸秆粉碎，喷水拌湿后，堆成直径 1 ～

1.8 米的圆堆压紧实，盖上薄膜发酵 3 ~ 5 天。

（2）栽培地点的选择

栽培选地室内外均可，在室外需搭棚遮阴，以免阳光直射。接种前制作一个 70 厘米 × 20 厘米 × 35 厘米的木制模框，先在框内铺一层发酵好的稻麦秸秆粉，踩实后，四周撒一圈食用菌菌种和麸皮；然后，再铺一层草粉，再撒菌种和麸皮。如此一共铺 4 层稻麦秸秆粉，撒 3 层菌种和麸皮，最后一层草粉铺得薄一些，要保证透气。一般每块培养基用 5 ~ 7.5 千克稻麦秸秆粉和 0.25 ~ 0.38 千克食用菌菌种和麸皮，最后盖上一层塑料薄膜。

（3）发菌

培养菌丝生长期间要满足的温度、湿度和透气要求。温度要控制在 35℃ 左右，培养基含水量宜控制在 70%。

（4）采收

幼菇的子实体充分长大后即可采收。一般可采 3 ~ 4 茬食用菌，此后的培养基可作为优质的有机肥施回农田。

（5）操作要点

用于基料准备的稻麦秸秆在堆积存放中，要注意防止雨淋霉变。发酵好的稻麦秸秆粉掌握有弹性、无霉味，注意保持温度在 20 ~ 40℃。基料长出菌丝后要注意透气。菌丝长满后，要早、中、晚各通风一次。生长出菇期间的温度应保持在 25 ~ 28℃。可向菌砖四周喷洒水，保证空气相对湿度保持在 85% ~ 95%，幼菇长出后，如菌砖湿度小，可喷洒水，防止温差太大；适当增加光照，以促进子实体健壮生长。

（6）适宜条件

培育食用菌，南北方春、夏、秋室内外均可，冬季须在室内保证温度的前提下进行。

109. 秸秆造纸技术近年来取得了哪些突破？

秸秆可以"变废为宝"，造纸就是途径之一。我国造纸工业发展就是从草浆"摸爬滚打"过来的。因为草浆生产污染严重，所以我国选择"弃草从林"，坚持走林浆纸一体化可持续发展的道路。但是由于我国森林资源匮乏，木浆原料短缺，使我国造纸业近年来开始逐渐注重非木纤维的科研，改变以往草浆生产面貌，整个过程COD（化学需氧量）指标有很大程度的降低，黑液用来生产肥料，一些企业也都已经拥有了很多国家发明专利和自主知识产权。原来国家不鼓励麦草制浆生产线，但今年采用清洁生产工艺、以非木纤维为原料、单条10万吨/年及以上的制浆生产线已经被列入《2011产业结构调整指导目录》鼓励类，有关政策也在向这样的产业倾斜。我国每年仍有2亿多吨秸秆没有利用，其中相当部分可以用于造纸，我们应该发挥我国这个特有的资源潜力。秸秆能够"变废为宝"解原料燃眉之急是好事。但我们还是应该冷静思考，从我国国情和实际出发，根据企业自身条件进行扩大化和产业化，避免一哄而上，造成"集体跳崖"。

目前上马的一些秸秆造纸企业强调项目是节能环保循环无污染制浆造纸新兴技术，突破了传统工艺，利用当地丰富的秸秆资源进行纸浆生产，原料和生产动力全部来自于秸秆，不需要木材、煤、电等传统资源和能源，不仅可以实现环保节能、循环利用，而且其生产的生活用纸、食品包装、纸杯等产品，也具有绿色、原生态的特点。有的企业更是称秸秆造纸项目是一项革命性的技术创新，为造纸业找到了可持续发展之路，将会有效扭转当前我国森林资源匮乏、造纸产业对木浆进口依存度过高的被动局面。

但是"王婆卖瓜自卖自夸"，对于企业来说这也是正常现象。先不说这些项目是否符合《2011 产业结构调整指导目录》鼓励类，是否真的那么"绿色"，就拿最基本的原料秸秆来说，还是有些问题的。造纸用秸秆回收过难，规模不足。农村散户销售秸秆由于量少几乎趋于零收入，而秸秆本身太轻，每次实际运载量极少，油价不断上涨，除去人力和油费等成本收集秸秆转售造纸厂的私人根本无利可图。而且对于秸秆可以卖给造纸厂或用来发电等其他用途，很多农民根本没听说过，也不知道该卖到什么地方。另外，秸秆造纸项目扩大规模和产业化都很困难，因为秸秆不像林木，如果大量生产堆积占地面积大，庞大的土地面积需求是无法达到的。

秸秆综合利用是一项社会生态效益高、涉及面广的系统工程，需要采取科技、政策、法律等多部门联手协作的立体推进措施。鼓励企业建立必要的秸秆储存基地，实现农作物联合收获、捡拾打捆、贮存、运输全程机械化，建立和完善秸秆田间处理体系。传统造纸业对木材的消耗量很大，草浆造纸可取代木浆造纸，前者的原料是秸秆，属于农村剩余资源。近年来，草浆造纸领域的无污染清洁制浆技术目前取得了突破，这意味着，草浆造纸有望加速推广，使造纸产业在未来几年内变得更节能环保。相比于木浆的原料稀缺，造纸草浆在我国有着源源不断、得天独厚的原料供给量。我国每年有大量秸秆产生，包括稻、麦草、棉秆、玉米秆和其他农村剩余物资源。这些废弃的农作物秸秆年产量约为 7.3 亿吨，其中可收集部分约 4.5 亿吨。如果充分利用这些草类资源，变废为宝，就可以有效解决中国造纸原料供给不足的问题。然而，过去"秸秆造纸"的发展最大的瓶颈就是污染比较大，这使得它无法大规模取代传统的木浆造纸。目前国内草浆造纸企业研发出了"无污染清洁制浆新技术"，这种技术能从源头上防止污染物质的产生，避免了最大的污染源——硅，大幅降低了对环境的污染程度。如果通过无污染纸浆新技术，把我国每年产生的 4.5 亿吨秸秆中的一半加以利用，那么就可以生产 2 亿吨优质造纸草浆，从而生产出 2 亿吨纸张。这个产量可在国际市场上换回 3 亿吨石油。随着"无污染清洁制浆新技术"的推广，草浆将作为重要的原料补充，活跃在纸业制浆舞台上。

110. 如何打造秸秆经济产业？

一是科学理念启动，制定工作方案。以河北省沈丘县为例，县委、县政府把推进秸秆综合利用作为落实科学发展观、转变发展方式，建设资源节约型、环境友好型社会，改善农村生活条件、提高农民生活质量的重要举措来抓，高度重视。县主要领导和分管领导先后走访中国林业科学院、西北农林科技大学、河南农业大学等科研单位，虚心学习秸秆综合利用的先进技术。通过聘请专家论证，召开乡村干部座谈会，召集农技人员、环保人士征求意见，并提请县政府常务会议、县四个班子会议讨论，结合县情、立足实际，整合现有资源，推广应用新技术，确定了秸秆综合利用"十化"的工作方案。

二是广泛宣传发动，营造良好氛围。他们在县电视台开辟秸秆综合利用专题节目、在《新沈丘》报开辟秸秆综合利用专栏、在《沈丘县委政府网》开辟秸秆综合利用专窗，通过新闻报道、专题报道、系列报道、跟踪报道，深入宣传秸秆综合利用"十化"的技术特点、应用情况、典型事例、效益收益。同时，通过悬挂宣传条幅、张贴宣传图画、发放宣传资料等多种形式，进行广泛宣传，营造秸秆综合利用的舆论氛围。

三是优惠政策推动，激发群众热情。县委、县政府结合国家对大型农机具购置补贴、生猪调出大县补贴、沼气建设补贴等政策，实行以奖代补，调动企业、农民、农村经纪人参与秸秆综合利用的积极性。为了推广秸秆青贮饲料化，县政府规定，每建一个 100 米³ 的青贮池，县政府奖励 4 000 元；每购买一台铡草机补助购机款的 50%；为了推广秸秆压缩炭块化，县政府规定，第一批建成秸秆压缩炭块厂的奖励 8 万元，第二批建成的奖励 6 万元，第三批建成的奖励 4 万元；每购一台秸秆压缩炭块机，县财政补助购机款的 50%；为了推广秸秆养殖垫料化，县政府规定，对每个新建标准万头生物环保养猪场，政府奖励 50 万元；每改造一个老养殖场达到生物环保养猪场标准的，无偿为其提供生物发酵素和全程技术服务。

四是典型示范带动，发挥榜样作用。在秸秆"十化"推广中，他们注重在农村党员干部中培养先进典型，以点带面，推进了工作的迅速展开。为了推进秸秆热压燃汽化，在纸店镇潘营村搞户用小型秸秆汽化炉试点，村党支部书记潘新明带头在家里试用，不断摸索，积累经验，指导群众应用。为了推进秸秆还田肥料化，付井镇赵口村党支部书记赵成杰利用本村大型农机具多的优势，投资 30 万元，动员组织 12 家农机户 38 台农机具，建成了高标准的农民农机专业合作社，开展耕、种、收、秸秆还田系列化服务，仅夏收就组织收麦并秸秆还田 2 万亩。

五是技术创新促动，提高生产水平。在推广秸秆压缩炭块化过程中，就碰到小型秸秆炭化机在使用中容易卡机，传动轮磨损过快等问题，一度影响了群众发展的信心。他们针对问题想办法，聘请机械厂经验丰富的技术员与一线操作工人共同开展技术攻关。付井镇马堂村支部书记周云恒有一个机械制造厂，他们动员他利用开展技术革新，并为他购置一台样机供其研究，老周带领工人日夜加班，很快解决了技术难题，并建起了秸秆压缩炭块成型机制造厂。随着市场的开发，需求不断扩大，群众已经不满足小型秸秆炭化机的生产能力，迫切要求能提高生产效率。为了满足群众的要求，县政府又投资 100 万元引进了 6 台大型秸秆压缩炭块机械设备，其中 2 台提供县乾丰机械制造厂搞科研，组织开发适应市场需要的新设备。

六是培育市场联动，促进健康发展。他们在培育市场需求上狠下工夫。一是连接市场。在沈丘生物质能发电厂没有建成投入使用之前，组织秸秆炭生产者到鹿邑、扶沟、长葛等地的生物质能发电厂推销产品，签订长期供销合同，保证产品有销路。同时，与湖南、内蒙古等地的大型养殖场联系，预售玉米秸秆固化饲料。二是开发市场。为培育秸秆炭的需求市场，引导农民由烧煤到烧秸秆炭的转变，政府集中采购100台户用小型秸秆炭燃烧炉，在纸店镇卢寨村让群众试用，并免费为每个试用户提供1吨秸秆炭。通过群众试用，切身体会到秸秆炭好烧好用，起到宣传、示范、推广作用。出台奖励政策，鼓励企业在技术改造中优先使用秸秆燃烧锅炉。结合中储粮沈丘直属库基础设施改造，以奖代补，引导其购置一台秸秆燃烧锅炉。有了用户，产品不愁销路。三是服务市场。县里成立了秸秆综合利用服务中心，制作"秸秆十化"宣传版面，发放技术资料，销售相关产品，举办技术培训，设立24小时服务热线，提供技术指导和维修服务。扶持发展秸秆综合利用农民专业合作社，大力培养农村经纪人，发挥其连接生产者与市场的纽带作用。如依托利民秸秆炭专业合作社对秸秆炭实行最低保护价格收购，解除了群众的后顾之忧，促进了秸秆压缩炭块化的快速发展。

附件

Ⅰ. 全国农作物秸秆资源
调查与评价报告

农业部科技教育司

农作物秸秆是指在农业生产过程中，收获了稻谷、小麦、玉米等农作物以后，残留的不能食用的茎、叶等副产品。我国农作物秸秆数量大、种类多、分布广。但近年来，随着秸秆产量增加、农村能源结构改善和各类替代原料应用，加上秸秆资源不清、利用现状不明，分布零散、体积大、收集运输成本高，以及综合利用经济性差、产业化程度低等原因，秸秆出现了地区性、季节性、结构性过剩，大量秸秆资源未被利用，浪费较为严重。

为贯彻落实国务院办公厅《关于加快推进农作物秸秆综合利用的意见》（国办发〔2008〕105 号）"开展秸秆资源调查，进一步摸清秸秆资源情况和利用现状"的精神，2009 年 1 月起我部正式启动了全国秸秆资源调查与评价工作，组织制定了农业行业标准《NYT 1701—2009 农作物秸秆资源调查与评价技术规范》，编制并印发了《全国农作物秸秆资源调查与评价工作方案》，要求以县为单位，调查与评价稻谷、小麦、玉米、薯类、油料和棉花等大宗农作物秸秆资源产量分布和秸秆利用现状，以加快推进秸秆综合利用，实现秸秆的资源化、商品化，促进资源节约、环境保护和农民增收。现将有关情况报告如下。

一、调查与评价过程

本次调查与评价工作共分为三个阶段进行。2009 年 1 月至 2 月开展秸秆资源调查的有关准备工作，完成调查方案编制、技术规范制定，以及试点经验总结、业务培训等。2009 年 3 月全面启动调查工作，全国累计 1.2 万人次参与本次调查工作，发放并回收调查问卷 10 万余份。至 2009 年 12 月，31 个省市区（除上海市和西藏自治区外）全部完成了秸秆资源调查与评价工作。在各地调查与评价的基础上，2010 年 1 ~ 3 月，我司组织了有关专家对所有调查结果进行整理、校正、分析、总结，完成了全国秸秆资源数据的汇总工作。

二、主要调查与评价结果

一是我国农作物秸秆理论资源量为 8.20 亿吨。

理论资源量是指某一区域秸秆的年总产量，表明理论上该地区每年可能生产的秸秆资源量。因为农作物分布的比较分散，通常均匀地分布在某一地区，并与当地的自然条件、生产情况有关，统计起来比较困难。一般根据农作物产量和各种农作物的草谷比，大致估算出各种秸秆的产量，即秸秆理论资源量＝农作物产量×草谷比。

由于各地区的土壤、气候以及耕作制度的不同，不同地区同一作物草谷比可能不相同。同一作物的不同品种，以及不同种植类型，其草谷比也不相同。同一地区同种作物，其丰、平、歉年的草谷比也是有差异的。本次调查采取实测草谷比的方式进行测算。

据调查，2009 年，全国农作物秸秆理论资源量为 8.20 亿吨

（风干，含水量为 15%）。

从品种上看，稻草约为 2.05 亿吨，占理论资源量的 25%；麦秸为 1.50 亿吨，占 18.3%；玉米秸为 2.65 亿吨，占 32.3%；棉秆为 2 584 万吨，占 3.2%；油料作物秸秆（主要为油菜和花生）为 3 737 万吨，占 4.6%；豆类秸秆为 2 726 万吨，占 3.3%；薯类秸秆为 2 243 万吨，占 2.7%，具体见图 1。

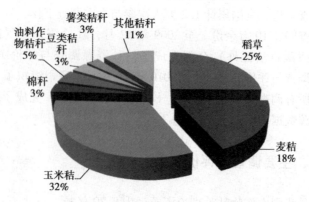

图 1　各种农作物秸秆占总资源量比例

从区域分布上看，华北区和长江中下游区的秸秆资源最为丰富，理论资源量分别约为 2.33 亿吨和 1.93 亿吨，占总量的 28.45% 和 23.58%；其次为东北区、西南区和蒙新区，分别约为 1.41 亿吨、8 994 万吨和 5 873 万吨，占总量的 17.2%、10.97% 和 7.16%；华南区和黄土高原区的秸秆理论资源量较低，分别约为 5 490 万吨和 4 404 万吨，占总量的 6.7% 和 5.37%；青藏区最低，仅 468 万吨，占总量的 0.57%。

二是我国秸秆可收集资源量为 6.87 亿吨。

在农作物收获过程中，许多农作物需要留茬儿收割；在秸秆收集以及运输过程中，会发生部分枝叶脱落而造成损失。考虑到收集过程中的损耗，可收集资源量与理论资源量并不相同，受作物品种、收集方式、气候等原因的影响，与收集技术和收集半径等因素有关。

2009 年全国耕种收综合机械化水平可达 48.8%，比上年提高约 3 个百分点。水稻收获、玉米收获等机械化作业水平分别达到 56%、17%，保护性耕作面积持续扩大。

本项目通过对我国各地农作物机械收获和人工收获的留茬高度进行了调查，估算 2009 年全国农作物秸秆可收集资源量约为 6.87 亿吨，占理论资源量的 83.8%。

三是我国秸秆未利用资源量为 2.15 亿吨。

长期以来，秸秆一直是农民的基本生产、生活资料，是保证农民生活和农业发展生生不息的宝贵资源，可用作肥料、饲料、生活燃料、食用菌基料以及造纸等工业原料等，用途十分广泛。但是，随着农村经济快速发展和农民收入的提高，秸秆的传统利用方式正在发生转变。调查结果表明，秸秆作为肥料使用量约为 1.02 亿吨（不含根茬还田，根茬还田量约 1.33 亿吨），占可收集资源量的 14.78%；作为饲料使用量约为 2.11 亿吨，占 30.69%；作为燃料使用量（含秸秆新型能源化利用）约为 1.29 亿吨，占 18.72%；作为种植食用菌基料量约为 1 500 万吨，占 2.14%；作为造纸等工业原料量约为 1 600 万吨，占 2.37%；废弃及焚烧约为 2.15 亿吨，占 31.31%。具体见图 2。

（1）秸秆直接还田

秸秆还田分直接还田和间接还田两种形式。过腹还田实际是秸秆经饲喂后变为厩肥还田，统计时通常归入饲料用途，不计为秸秆还田范畴。本部分仅讨论秸秆直接还田。2002 ~ 2009 年，中央财政累计投资 2 亿元，地方财政投入资金 8 亿元，带动农民投入 26 亿元，累计建设 256 个部级、315 个省市级保护性耕作示范县。保护性耕作项目的实施有效带动了秸秆机械化还田面积的大幅度增加，2009 年全国机械化秸秆还田面积为 3.58 亿亩，

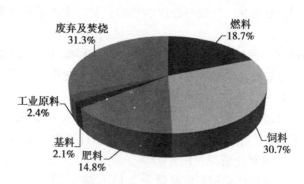

图 2　各种用途秸秆量占可收集资源量的比例

约占当年全国农作物播种面积的 15.3%，秸秆利用量约 1.02 亿吨。其中，河南、河北、山东秸秆直接还田量居全国前三位。

（2）秸秆养畜

秸秆是草食性家畜重要的粗饲料来源。据专家测算，1 吨普通秸秆的营养价值平均与 0.25 吨粮食的营养价值相当。但未经处理的秸秆不仅消化率低、粗蛋白质含量低，而且适口性差，单纯饲喂这种饲料，牲畜采食量不高，难以满足维持需要。而经过青贮、氨化等科学处理，秸秆的营养价值可以大幅度提高，是秸秆饲料化的主要技术途径。

自 1992 年以来，由国家农业综合开发办公室和我部共同组织实施秸秆养畜示范县，项目选择牛羊等反刍动物养殖基础好、农作物秸秆资源丰富的地区（县级），建设秸秆青贮、氨化设施、配制秸秆处理机械、畜舍等，重点推广秸秆青贮、氨化等处理技术。2001~2009 年项目实施第二阶段统计数据显示，项目直接投资共建成青贮氨化池 667.5 万米³，建设氨化站 165 个，购制秸秆处理机械和小型饲料加工机械 4.96 万台（套）。目前我国秸秆饲用量已从 1992 年项目建设之初的 1.1 亿吨上升至 2009 年的 2.11 亿吨，经过青贮、氨化等手段处理的秸秆处理利用率由 21% 上升到 44%。秸秆养畜的主要省份是河南、黑龙江、河北等省。

（3）秸秆能源化利用

秸秆能源化利用的主要方式有直接燃烧（包括通过省柴灶、节能炕、节能炉燃烧及直燃发电）、固体成型燃料技术、汽化和液化等。长期以来，秸秆和薪柴等传统生物质能是我国农村地区居民传统炊事和采暖用燃料。但随着农村经济发展和农民收入的增加，农村居民生活用能结构正在发生着明显的变化，煤、油、气和电等商品能源越来越得到普遍的应用，秸秆仅在传统利用地区（如三北地区）、经济不发达地区（如西部）以及经济发达地区的贫困人群中使用，目前利用量约为 1.23 亿吨，主要为黑龙江、吉林、四川、辽宁等省。

近年来，我部积极支持开展了秸秆沼气、秸秆汽化、秸秆固体成型等技术和产品的研发、标准制定等工作，建立了一批试点。到 2008 年底，全国农村地区已累计建设秸秆沼气集中供气工程 150 处，秸秆热解汽化站 856 处，固体成型加工点 102 处，年产成型燃料 30 万吨。秸秆直燃发电也迈出可喜步伐，已建成投产的生物质直燃发电项目 40 多个，分布在山东、黑龙江、吉林、辽宁、内蒙古、河北、江苏、河南和新疆等省区，总装机容量约 82 万千瓦。据测算，秸秆新型能源化开发利用量约 640 万吨。

（4）秸秆种植食用菌

由于秸秆中含有丰富的碳、氮、矿物质及激素等营养成分，且资源丰富、成本低廉，因此很适合做多种食用菌的培养料。我国食用菌总产量约 1 800 万吨，秸秆利用量约 1 500 万吨。

（5）秸秆作为工业原料

秸秆纤维作为一种天然纤维素，生物降解性好，可以作为工业原料，如纸浆原料、保温材料、包装材料、各类轻质板材的原料，可降解包装缓冲材料、编织用品等，或从中提取淀粉、木糖醇、糖醛等。我国秸秆工业利用量约 1 600 万吨。

（6）秸秆废弃及焚烧

随着农村经济条件和生活水平的提高，煤、液化气等商品能源在农村地区的应用越来越广泛，特别是经济发达的东部地区，直接用作燃料的秸秆越来越少。此外，由于化肥的大量使用，使秸秆作为肥源的用量减少。不少秸秆被弃置于田头和路边、村前和屋后，最终被付之一炬，严重污染环境，影响工农业生产和人民生活。我国每年废弃焚烧的秸秆总量约 2.15 亿吨。

秸秆焚烧的污染和安全问题相当突出。目前焚烧的秸秆主要是小麦、水稻和玉米秸秆三大类。秸秆焚烧的区域主要集中在粮食主产省、经济发达地区和大中城市郊区。焚烧秸秆发生在收获期与下一个播种期之间，时间短，处理量大。麦秸焚烧主要集中在河南、山东、河北、安徽、江苏、北京、天津、陕西、山西等省市，焚烧时段多在 5 月下旬至 6 月中旬；稻草焚烧主要集中在四川、江西、湖南、福建、广东、浙江、湖北、上海、江苏等省市，焚烧时段多在 10~11 月；玉米秸焚烧主要集中于山东、河南、河北、吉林、辽宁、黑龙江、北京、天津、山西、陕西等省市，多发生于 9 月下旬至 10 月中旬。

四是 13 个粮食主产省秸秆理论资源量为 6 亿吨。

我国的粮食生产带有明显的区域性特点，辽宁、吉林、黑龙江、内蒙古、河北、河南、湖北、湖南、山东、江苏、安徽、江西、四川等 13 个粮食主产省，提供了全国 80% 的商品粮。据调查，全国 13 个粮食主产省的农作物秸秆理论资源量约为 6 亿吨，占全国农作物秸秆理论资源量的 73.2%。其中，河南的秸秆资源最为丰富，为 8 438 万吨，其次为山东、黑龙江和河北，分别为 8 182 万吨、6 920 万吨和 6 176 万吨。

从品种上看，稻草约为 1.3 亿吨，占全国稻草理论资源量的 63.4%；麦秸为 1.3 亿吨，占全国麦秸理论资源量的 88.0%；

玉米秸总量为 2.2 亿吨，占全国玉米秸理论资源量的 81.5%；棉秆总量为 1 417 万吨，占全国棉秆理论资源量的 55.8%；油料作物秸秆总量为 2 815 万吨，占全国油料作物秸秆总量的 75.3%。

从分布来看，稻草主要分布在湖南、江苏、湖北、四川、安徽和黑龙江等省份，以湖南资源最为丰富，为 2 755 万吨；麦秸主要分布在河南、山东、河北、江苏和安徽等省，以河南资源最为丰富，为 3 798 万吨；玉米秸主要分布在黑龙江、吉林、河北、山东、河南、内蒙古和辽宁等省区，以黑龙江资源最为丰富，为 4 169 万吨；油料作物秸秆主要分布在湖北、四川、山东、安徽、湖南和江苏等省，以湖北资源最为丰富，为 511 万吨。13 个粮食主产省秸秆资源情况具体见图 3。

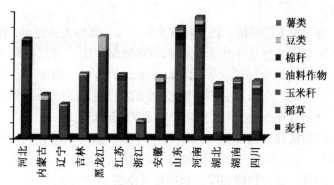

图 3　13 个粮食主产省农作物秸秆资源情况

下一步，我部将按照国务院的要求，会同国家发展改革委等部门，根据各地种养业特点和秸秆资源情况，坚持与农业生产相结合，在满足农业和畜牧业利用的基础上，积极推进秸秆能源化、工业化等利用，不断拓展利用范围，提高利用效益，加快推进秸秆综合利用产业发展。

Ⅱ. 国家环境保护总局《关于发布〈秸秆禁烧和综合利用管理办法〉的通知》

环发［1999］98 号

国家环境保护总局、农业部、财政部、铁道部、交通部、中国民用航空总局发布

各省、自治区、直辖市及计划单列市人民政府、新疆生产建设兵团：

为保护生态环境，防止秸秆焚烧污染，保障人体健康，维护公共安全，根据《中华人民共和国环境保护法》和《中华人民共和国大气污染防治法》，国家环境保护总局、农业部、财政部、铁道部、交通部、国家民航总局联合制定了《秸秆禁烧和综合利用管理办法》，现予发布，自即日起施行。

各地接到本通知后，可以翻印《秸秆禁烧和综合利用管理办法》，并在乡镇、村庄张贴，广而告之。

附件：秸秆禁烧和综合利用管理办法

一九九九年四月十二日

主题词：环保　生态　管理　办法　通知

抄送：国务院各有关部委、全国人大环资委

秸秆禁烧和综合利用管理办法

第一条 为保护生态环境，防止秸秆焚烧污染，保障人体健康，维护公共安全，根据《中华人民共和国环境保护法》和《中华人民共和国大气污染防治法》制定本办法。

第二条 本办法所称秸秆系指小麦、水稻、玉米、薯类、油料、棉花、甘蔗和其他杂粮等农作物秸秆。

第三条 在地方各级人民政府的统一领导下，各级环境保护行政主管部门会同农业等有关部门负责秸秆禁烧的监督管理；农业部门负责指导秸秆综合利用的实施工作。

第四条 禁止在机场、交通干线、高压输电线路附近和省辖市（地）级人民政府划定的区域内焚烧秸秆。

省辖市（地）级人民政府可以在人口集中区、各级自然保护区和文物保护单位及其他人文遗址、林地、草场、油库、粮库、通讯设施等周边地区划定禁止露天焚烧秸秆的区域。

秸秆禁烧区范围：以机场为中心 15 千米为半径的区域；沿高速公路、铁路两侧各 2 千米和国道、省道公路干线两侧各 1 千米的地带。

因当地自然、气候等特点对秸秆禁烧区界定范围做调整的，由省辖市（地）以上人民政府会商民航、铁路等有关部门划定，未做调整的，严格按前款执行。

第五条 禁烧区以乡、镇为单位落实秸秆禁烧工作。县级以上人民政府应公布秸秆禁烧区及禁烧区乡、镇名单，将秸秆禁烧作为村务公开和精神文明建设的一项重要内容。

禁烧区乡镇名单由所在县级以上人民政府环境保护行政主管部门和农业行政主管部门会同有关部门提出意见，报同级人民政府批准。

第六条 各地应大力推广机械化秸秆还田、秸秆饲料开发、秸秆汽化、秸秆微生物高温快速沤肥和秸秆工业原料开发等多种形式的综合利用成果。

到 2002 年，各直辖市、省会城市和副省级城市等重要城市的秸秆综合利用率达到 60%；到 2005 年，各省、自治区的秸秆综合利用率达到 85%。

第七条 秸秆禁烧与综合利用工作应纳入地方各级环保、农业目标责任制，严格检查、考核。

第八条 对违反规定在秸秆禁烧区内焚烧秸秆的，由当地环境保护行政主管部门责令其立即停烧，可以对直接责任人处以 20 元以下罚款；造成重大大气污染事故，导致公私财产重大损失或者人身伤亡严重后果的，对有关责任人员依法追究刑事责任。

III. 财政部关于印发《秸秆能源化利用补助资金管理暂行办法》的通知

财建〔2008〕735 号

颁布时间：2008 – 10 – 30　发文单位：财政部

各省、自治区、直辖市、计划单列市财政厅（局），新疆生产建设兵团财务局：

为加快推进秸秆能源化利用，培育秸秆能源产品应用市场，根据《中华人民共和国可再生能源法》、《国务院办公厅关于加快推进农作物秸秆综合利用的意见》（国办发〔2008〕105 号）、《财政部关于印发〈可再生能源发展专项资金管理暂行办法〉的通知》（财建〔2006〕237 号），中央财政将安排资金支持秸秆产业化发展。为加强财政资金管理，提高资金使用效益，我们制定了《秸秆能源化利用补助资金管理暂行办法》，现印发给你们，请遵照执行。

附件：秸秆能源化利用补助资金管理暂行办法

财政部

二〇〇八年十月三十日

秸秆能源化利用补助资金管理暂行办法

第一章　总　则

第一条　根据《中华人民共和国可再生能源法》、《国务院办公厅关于加快推进农作物秸秆综合利用的意见》（国办发［2008］105号）、《可再生能源发展专项资金管理暂行办法》（财建［2006］237号），中央财政安排补助资金支持秸秆能源化利用。为规范资金管理，提高使用效益，特制定本办法。

第二条　本办法所指秸秆包括水稻、小麦、玉米、豆类、油料、棉花、薯类等农作物秸秆以及农产品初加工过程中产生的剩余物。

第三条　补助资金实行公开、透明原则，接受社会各方面监督。

第二章　支持对象和方式

第四条　支持对象为从事秸秆成型燃料、秸秆汽化、秸秆干馏等秸秆能源化生产的企业。

对企业秸秆能源化利用项目中属于并网发电的部分，按国家发展改革委《可再生能源发电价格和费用分摊管理试行办法》（发改价格［2006］7号）规定享受扶持政策，不再给予专项补助。

第五条　补助资金主要采取综合性补助方式，支持企业收集秸秆、生产秸秆能源产品并向市场推广。

第三章　支持条件

第六条　申请补助资金的企业应满足以下条件：

（一）企业注册资本金在 1 000 万元以上。

（二）企业秸秆能源化利用符合本地区秸秆综合利用规划。

（三）企业年消耗秸秆量在 1 万吨以上（含 1 万吨）。

（四）企业秸秆能源产品已实现销售并拥有稳定的用户。

第四章　补助标准

第七条　对符合支持条件的企业，根据企业每年实际销售秸秆能源产品的种类、数量折算消耗的秸秆种类和数量，中央财政按一定标准给予综合性补助。

第五章　资金申报和下达

第八条　企业在申报时，应按要求填报秸秆能源化利用财政补助资金申请报告及申请表（格式见附件），并提供以下材料。

（一）秸秆收购情况，包括：收购秸秆的品种、数量、价格及水分含量等有关凭证。

（二）秸秆能源产品产销情况，包括：各类产品产量、销量及销售价格等，并提供销售发票等凭证。

（三）秸秆能源产品质量及检测报告。

（四）与用户签订的秸秆能源产品长期供应协议。

（五）单位产品能耗、环保、安全等有关材料。

第九条　申报企业按属地原则将资金申请报告及相关材料报所在地财政部门，省级财政部门组织检查、核实并汇总后，于每年 3 月 31 日前报财政部。

第十条　财政部组织相关专家对申报材料进行审查，核定补助金额，并按规定下达预算、拨付补助资金。

第六章　监督管理

第十一条　财政部委托财政投资评审机构等单位对企业申报材料进行实地抽查，对弄虚作假、虚报冒领财政补助资金的企业，将扣回补助资金，并取消企业申请财政补助资金的资格；对申报材料问题较多、监督检查不力的地区，将暂停该地区申请财政补助资金的资格。

第十二条　补助资金必须专款专用，任何单位不得以任何理由、任何形式截留、挪用。对违反规定的，按照《财政违法行为处罚处分条例》（国务院令第 427 号）规定处理。

第七章　附　　则

第十三条　本办法由财政部负责解释。

第十四条　本办法自印发之日起施行。

　　附：××××年秸秆能源化利用财政补助资金申请表

××××年秸秆能源化利用财政补助资金申请表

企业名称			负责人	
企业所在地				
联系人及电话			注册资本金（万元）	
企业实施项目类型		项目建设时间	项目投产时间	
各类秸秆收购及消耗情况（吨）：				
秸秆品种	年初结余	本年购进	本年生产消耗	年末结余

（续表）

秸秆品种	年初结余	本年购进	本年生产消耗	年末结余
合计				

各类秸秆能源产品产销情况

产品种类		产　量	单位产品平均消耗秸秆量	销　量	销售收入
（单　位）		吨/米³/千瓦时	吨	吨/米³/千瓦时	万元
成型燃料	小　计				
	×××产品				
	×××产品				
	……				
燃气	小　计				
	×××产品				
	×××产品				
	……				
焦炭	小　计				
	×××产品				
	×××产品				
	……				

（单 位）		吨/米³/千瓦时	吨	吨/米³/千瓦时	万元
碳粉	小 计				
	×××产品				
	×××产品				
	……				
焦油	小 计				
	×××产品				
	×××产品				
	……				
并网发电					
非并网发电					
企业所在地财政部门审核意见： （盖章） 年 月 日			省级财政部门审核意见： （盖章） 年 月 日		

填表说明：

1. 企业实施多个项目要分别填写此表，并填写一张汇总表。

2. 本年度收购及消耗秸秆情况中，秸秆年末结余＝年初结余＋本年购进－本年生产消耗。

3. "各类秸秆能源产品产销情况"中产品种类需进行细化，并按照产品实际名称填写。

IV. 江苏省第十一届人民代表大会
常务委员会公告
（第 13 号）

《江苏省人民代表大会常务委员会关于促进农作物秸秆综合利用的决定》已由江苏省第十一届人民代表大会常务委员会第九次会议于 2009 年 5 月 20 日通过，现予公布，自 2009 年 6 月 1 日起施行。

二〇〇九年五月二十日

江苏省人民代表大会常务委员会关于促进农作物秸秆综合利用的决定
（2009 年 5 月 20 日江苏省第十一届人民代表大会
常务委员会第九次会议通过）

为了加快推进农作物秸秆（以下简称秸秆）综合利用，促进资源节约，保护生态环境，维护公共安全，根据《中华人民共和国农业法》、《中华人民共和国循环经济促进法》、《中华人民共和国大气污染防治法》等法律，结合本省实际，作出如下决定。

一、地方各级人民政府是推进秸秆综合利用和秸秆禁烧工作的责任主体，应当把秸秆综合利用作为推进节能减排、发展循环经济、促进生态文明建设的一项工作内容，纳入政府目标管理责任制，制定、落实有利于秸秆综合利用的财政、投资、税费、价格等政策，加快推进秸秆综合利用。到 2012 年底，基本建立秸秆收集体系，基本形成布局合理、多元利用的秸秆综合利用产业化格局，全面禁止露天焚烧秸秆。

二、县级以上地方人民政府建立由发展和改革、农业、农机、经贸、环境保护、财政、科技、公安、交通等部门参加的协调机制，有关部门应当按照各自职责分工，密切配合，共同做好秸秆综合利用和秸秆禁烧工作。

三、发展和改革部门应当会同农业、农机部门组织编制秸秆综合利用规划，根据本地区秸秆资源情况和利用现状，合理确定秸秆用作肥料、燃料、饲料、食用菌基料和工业原料等不同用途的发展目标，统筹考虑秸秆综合利用项目和产业布局。秸秆综合利用规划应当报本级人民政府批准。

省秸秆综合利用规划应当在本决定通过之日起 6 个月内报省人民政府批准实施。

四、大力推广秸秆机械化还田。到 2012 年底，全省稻麦秸秆机械化全量还田面积须占总面积的 35% 以上。省人民政府应当将年度稻麦秸秆机械化全量还田目标分解落实到设区的市、县（市）人民政府。

农机部门应当研究制定秸秆还田作业标准，并监督执行。

五、鼓励利用秸秆生物汽化（沼气）、热解汽化、固化成型及炭化等技术发展生物质能，合理安排利用秸秆发电项目；扶持发展以秸秆为原料的人造板材、包装材料等产品生产和秸秆编织业；鼓励养殖场（户）和饲料企业利用秸秆生产饲料；支持发展以秸秆为基料的食用菌生产。

六、鼓励、支持高等院校、科研单位和企业开展秸秆综合利用技术与设备的研究开发。

农业、科技、农机等部门应当优先安排资金，重点支持秸秆综合利用技术与设备的研究开发项目；大力推广秸秆综合利用技术，加强秸秆综合利用技术培训，建立秸秆综合利用科技示范基地，提高农民综合利用秸秆的技能水平。

七、财政部门应当加大对秸秆综合利用的支持力度，将秸秆综合利用资金列入财政预算，对秸秆还田、秸秆汽化、固化成型等资源化利用给予适当补助。

省财政应当将秸秆还田、打捆、青贮等机具纳入农业机械购置补贴范围，并对秸秆机械化还田作业给予补贴。秸秆机械化还田作业补贴的具体办法，由省财政和农机部门根据年度稻麦秸秆机械化全量还田目标制定。

对利用秸秆发电、加工板材等综合利用秸秆的企业，税务等有关部门应当根据秸秆实际利用量，按照国家有关规定落实税收、电价补贴等优惠政策。

金融机构应当对秸秆综合利用项目给予信贷支持。

八、县（市、区）和乡（镇）人民政府应当积极发展秸秆综合利用服务组织，建立和完善秸秆收集、贮运和利用服务体系，采取补贴等措施支持农民专业合作组织和农民经纪人等开展秸秆收集、贮运和综合利用服务。

九、任何单位和个人不得在下列区域内露天焚烧秸秆：

（一）南京市的行政区域，其他设区的市的城市建成区周围30千米范围内，以及不设区的市和县人民政府所在地的镇的建成区周围5千米范围内；

（二）机场周边20千米范围内；

（三）高速公路及国道、省道和铁路两侧5千米范围内；

（四）设区的市、县（市）人民政府根据本地实际划定的其他区域。

禁止露天焚烧秸秆的具体区域范围由设区的市、县（市）人民政府向社会公布。

设区的市、县（市）人民政府应当根据本行政区域秸秆综合利用情况，逐步扩大禁止露天焚烧秸秆的区域范围，到2012年底实行全行政区域禁止露天焚烧秸秆。

十、任何单位和个人不得将秸秆弃置于河道、湖泊、水库、沟渠等水体内。

十一、地方各级人民政府及其有关部门应当加大秸秆综合利用和禁止露天焚烧秸秆、禁止弃置秸秆污染水体的宣传教育力度，增强公众综合利用秸秆和保护环境的自觉性。

十二、环境保护行政主管部门会同农业、城市管理行政执法等部门负责对露天焚烧秸秆和弃置秸秆污染水体的监督管理，加大实时监测和执法力度。

乡（镇）人民政府和农村基层组织应当加强巡查，及时制止露天焚烧秸秆和弃置秸秆污染水体的行为。

十三、违反本决定露天焚烧秸秆的，由环境保护行政主管部门责令停止违法行为；情节严重的，可以处以 50 元以上 200 元以下罚款。

违反本决定将秸秆弃置于河道、湖泊、水库、沟渠等水体内的，由环境保护行政主管部门责令限期清除，情节严重的，可以处以 50 元以上 200 元以下罚款；阻碍行洪或者侵占航道的，由水行政主管部门或者航道管理机构依法给予处罚。

根据《中华人民共和国行政处罚法》的规定，经国务院或者省人民政府批准，在城市管理领域实行相对集中行政处罚权的设区的市、县（市），可以由城市管理行政执法部门实施本条规定的行政处罚。

违反本决定露天焚烧秸秆或者将秸秆弃置于河道、湖泊、水库、沟渠等水体内，造成他人人身伤亡或者财产损失的，应当依法给予赔偿；构成犯罪的，依法追究刑事责任。

十四、地方各级人民政府应当建立秸秆综合利用及秸秆禁烧工作奖惩制度，对工作成绩突出的单位和个人给予表彰和奖励；对工作不力、造成严重后果的相关责任人给予行政处分。

十五、本决定自 2009 年 6 月 1 日起施行。

V. 秸秆机械化还田相关地方标准

江苏省农业机械标准化专业技术委员会
二〇〇九年十二月二十五日
（南京）

ICS 65.060.20

B05

备案号：20313—2007

DB32

江 苏 省 地 方 标 准

DB32/T 1022—2007

小麦秸秆粉碎还田机　旱地作业质量

Dry farm operating quality for smashed wheat straw machine

2007 - 02 - 28 发布　　　　　　2007 - 04 - 28 实施

江苏省质量技术监督局 发布

前　言

本标准由江苏省农业机械管理局提出。

本标准由江苏省农业机械管理局归口。

本标准起草单位：江苏省农机标准化技术委员会、江苏省农业机械试验鉴定站、江苏省农业机械管理局。

本标准主要起草人：孙东群、张平、魏国。

小麦秸秆粉碎还田机　旱地作业质量

1　范围

本标准规定了小麦秸秆粉碎还田机旱地作业质量指标、检测方法和检验规则。

本标准适用于小麦秸秆粉碎还田机（以下简称还田机）旱地作业质量评定。

2　规范性引用文件

下列文件中的条款通过本标准的引用而成为本标准的条款。凡是注日期的引用文件，其随后所有的修改单（不包括勘误的内容）或修订版均不适用于本标准，然而，鼓励根据本标准达成协议的各方研究是否可使用这些文件的最新版本。凡是不注日期的引用文件，其最新版本适用于本标准。

GB/T5262—1985　农业机械试验条件测定方法的一般规定

JB/T6678—2001　秸秆粉碎还田机

NY/500—2002　秸秆还田机作业质量

3　术语和定义

NY/500—2002 确定的术语和定义适用于本标准。

4　作业质量指标

4.1　作业条件

4.1.1　还田机应符合产品要求，配套拖拉机技术状态良好。

4.1.2 还田机应按使用说明书操作。

4.1.3 小麦秸秆应均匀铺放，含水率应为 10%～25%。

4.2 还田机作业质量

应符合表1的规定。

表1 作业质量指标

项　　目	指　　标
秸秆粉碎合格长度/mm	≤150
粉碎长度合格率/%	≥90
轮辙中留茬高度/mm	≤85
轮辙间留茬高度/mm	≤75
抛撒不均匀度/%	≤20
漏切率/%	≤1.5
作业后田间状况	秸秆粉碎后应抛撒均匀，不得有堆积和条状堆积，土块与秸秆无污染。

5 检测方法

5.1 总体要求

还田机作业质量检测应随机器作业进行，还田作业前按 GB/T5262 进行田间调查，测取秸秆含水率等。检测时，选点取样应避开机器转弯处。

5.2 方法

5.2.1 取样

采用5点法从样本地块的4个地角沿对角线，在 1/8～1/4 对角线长的范围内选定一个比例数后，算出距离，确定出4个检测点的位置，再加上某一对角线的中点，共计为5个检测点。检测粉碎长度合格率、轮辙中留茬高度、轮辙间留茬高度、抛撒不均匀度、漏切率和作业后田间状况。

5.2.2　粉碎长度合格率

每点处随机取 $1m^2$，拣起所有秸秆称其质量，从中挑出粉碎长度不合格的秸秆称其质量。每点的秸秆粉碎长度合格率及 5 个测定的平均值，按 JB/T6678 中有关规定计算。

5.2.3　轮辙中留茬高度

每点处在测区长度方向上左、右轮辙中 $b \times 2m$ 面积范围内测定留茬高度（b 为轮辙宽），其平均值为每点的留茬高度，计算 5 点的平均值。

5.2.4　轮辙间留茬高度

每点处在测区长度方向上左、右轮辙间 $1m \times 1m$ 面积范围内测定留茬高度，其平均值为每点的留茬高度，计算 5 点的平均值。

5.2.5　抛撒不均匀度

按 JB/T6678 中 6.1.3.6 进行。

5.2.6　漏切率

每点处取宽为实际作业幅宽（B），长为 1m 范围内还田时漏切秸秆，称其质量，换算成每平方米秸秆漏切量。按式（1）计算每点漏切率。

$$F_l　(\%)　= \frac{m_{sl}}{m_s} \times 100 \qquad (1)$$

式中：

F_l——漏切率,% ;

m_{sl}——每平方米秸秆漏切量，g ;

m_s——每平方米应还田秸秆总量，g。

5.2.7　作业后田间状况

目测法。

6　检验规则

6.1　小麦秸秆粉碎还田机作业质量指标应符合第4章的规定。

6.2　检测方法应符合第5章的规定。

6.3　不合格分类

受检项目的质量特性不符合本标准第4章规定要求的均称为不合格（缺陷），按其对成品质量的影响程度，分为A类不合格和B类不合格。不合格分类项目见表2。

表2　不合格项目分类

不合格分类		项目
类	项	
A	1	粉碎长度合格率/%
	2	抛撒不均匀度/%
B	1	轮辙中留茬高度/mm
	2	轮辙间留茬高度/mm
	3	漏切率/%
	4	作业后田间状况

6.4　评定规则

A类全部合格，B类不多于1项不合格，则评定小麦秸秆粉碎还田机作业质量为合格。

ICS 65.060.30

B

21652—2008

DB32

江 苏 省 地 方 标 准

DB32/T 1071—2007

玉米秸秆粉碎还田机
作业质量评价技术规范

for smashed corn straw machine

2007 - 11 - 26 发布   2008 - 01 - 26 实施

江苏省质量技术监督局 发布

前　言

　　本标准由江苏省农业机械管理局提出。

　　本标准由江苏省农业机械管理局归口。

　　本标准起草单位：江苏省农业机械试验鉴定站、江苏省质量技术监督农机产品质量检验站。

　　本标准起草人：陶雷、糜南宏、莫恭武、张婕、郑巍。

玉米秸秆粉碎还田机
作业质量评价技术规范

1 范围

本标准规定了玉米秸秆粉碎还田机作业质量、试验方法和检验规则。

本标准适用于对玉米秸秆粉碎还田机（以下简称"还田机"）作业质量的评价。

2 规范性引用文件

下列文件中的条款通过本标准的引用而成为本标准的条款。凡是注日期的引用文件，其随后所有的修改单（不包括勘误的内容）或修订版均不适用于本标准，然而，鼓励根据本标准达成协议的各方研究是否可使用这些文件的最新版本。凡是不注日期的引用文件，其最新版本适用于本标准。

JB/T 6678—2001　秸秆粉碎还田机

3 作业质量

3.1　作业地块应符合还田机的适用范围，地势平坦，坡度不大于 5°。

3.2　还田机应经调整符合使用说明书和农艺要求，机手应按使用说明书规定和农艺要求进行操作。

3.3　玉米秸秆粉碎合格长度不大于 100mm。

3.4　在符合 3.1～3.2 作业条件下，以额定生产率作业时，还田机主要作业质量指标应符合表 1 的规定。

表 1 作业质量指标

项 目	指 标
粉碎长度合格率/%	≥90
留茬平均高度/mm	≤50
秸秆抛撒不均匀度/%	≤30
作业后地表状况	无明显漏粉碎秸秆

4 试验方法

还田机作业质量试验应随机械作业进行，测取秸秆含水率。

4.1 取样方法

采用 5 点法取样。从 4 个地角沿对角线 1/8～1/4 长度范围内选定一个数值，以此数值作为长度，确定出 4 个检测点的位置，再加上对角线的中点。

4.2 秸秆粉碎长度合格率

按 JB/T 6678 中 6.1.3.4 进行测定。

4.3 秸秆抛撒不均匀度

按 JB/T 6678 中 6.1.3.6 进行测定。

4.4 留茬平均高度

按 JB/T 6678 中 6.1.3.2 进行测定。

4.5 作业后地表状况

用目测的方法进行。

5 检验规则

5.1 还田机作业质量指标

应符合 DB32/T 1169—2007 的规定。

5.2 试验方法

应符合 DB32/T 1170—2007 的规定。

5.3 不合格分类

按还田机对作业质量的影响程度，分为 A 类不合格和 B 类不合格。不合格分类见表 2。

表 2 不合格分类

类　别	项	项　目
A	1	秸秆粉碎长度合格率
	2	留茬平均高度
B	1	秸秆抛撒不均匀度
	2	作业后地表状况

5.4 评定规则

A 类全部合格，B 类不多于 1 项不合格，则评定玉米秸秆粉碎还田机作业质量为合格。

ICS 65.060.20

B 05

备案号：21650—2008

DB32

江 苏 省 地 方 标 准

DB32/T 1169—2007

水田埋茬（草）耕整机
作业质量评价技术规范

Technical specifications of operating quality evaluation
for covering and tilling machine in paddy field

2007 - 11 - 26 发布　　　　2008 - 01 - 26 实施

江苏省质量技术监督局 _{发布}

前　　言

本标准由江苏省农业机械管理局提出。

本标准由江苏省农业机械管理局归口。

本标准起草单位：江苏省农业机械试验鉴定站、江苏省农机标准化技术委员会。

本标准主要起草人：孙东群、薛刚、刘勇、纪鸿波、朱虹、郑巍。

水田埋茬（草）耕整机
作业质量评价技术规范

1　范围

本标准规定了水田埋茬（草）耕整机作业质量指标、检测方法和检验规则。

本标准适用于水田埋茬（草）耕整机（以下简称水田埋草机）麦秸秆还田作业质量评定。

2　规范性引用文件

下列文件中的条款通过本标准的引用而成为本标准的条款。凡是注日期的引用文件，其随后所有的修改单（不包括勘误的内容）或修订版均不适用于本标准，然而，鼓励根据本标准达成协议的各方研究是否可使用这些文件的最新版本。凡是不注日期的引用文件，其最新版本适用于本标准。

GB/T 5262—1985　农业机械试验条件测定方法的一般规定

GB/T 5668.1—1995　旋耕机械

GB/T 5668.3—1995　旋耕机械　试验方法

NY/T 501—2002　水田耕整机作业质量

3　术语和定义

NY/T 501—2002 确定的以及下列术语和定义适用于本标准。

3.1

水田埋茬（草）耕整机　covering and tilling machine in paddy field

具有旋耕、埋茬（草）、起浆、整地功能的水田作业机具。

4 作业条件

4.1 田间条件

4.1.1 田面平整，浸泡 24～48h，田面水深 1～3cm。

4.1.2 麦秸秆均匀铺放，还田量应符合当地农艺要求。

4.2 机具及操作要求

4.2.1 水田埋草机应符合产品标准要求，配套拖拉机技术状态良好。

4.2.2 水田埋草机应按使用说明书操作。

5 作业质量

水田埋草机作业质量应符合表 1 的规定。

表 1 水田埋草机作业质量指标

项 目	指 标
耕深/cm	9～13
耕深稳定性/%	≥90
耕后地表平整度/cm	≤3
地表植被覆盖率/%	≥80
起浆度/（g/cm³）	≤1.1
功率消耗/kW	≤80% 配套动力
作业后田间状况	无漏耕、重耕

6 检测方法

6.1 田间调查

水田埋草机作业质量检测应随机器作业进行，还田作业前按

GB/T 5262—1985 进行田间调查，测定田面水深等。

6.2　检测点的确定

沿样本（地块）的对角线，在 1/8～1/4 对角线长的范围内选定一个比例数后，算出距离，确定出 4 个检测点的位置，再加上对角线的交差点，共 5 点。

6.3　耕前植被

每点按 $1m^2$ 面积，紧贴地面剪下并收集露出地表的秸秆，洗净后称其质量，算出 5 个点的平均值。

6.4　耕深及其稳定性

按 GB/T 5668.3—1995 中 4.3.1 进行。

6.5　植被覆盖率

6.5.1　作业后在测区内，按 6.3 的方法测定耕后植被质量。

6.5.2　按 GB/T 5668.3—1995 中 4.3.1 计算植被覆盖率。

6.6　耕后地表平整度

按 GB/T 5668.3—1995 中 4.3.6 进行。

6.7　起浆度

按 NY/T 501—2002 中 5.10 进行。

6.8　功率消耗

按 GB/T 5668.3—1995 中 4.4 进行。

6.9　作业后田间状况

目测法。

7　检验规则

7.1　水田埋草机作业质量指标

应符合 DB32/T 1172—2007 的规定。

7.2　检测方法

应符合 DB32/T 1174—2007 的规定。

7.3　不合格分类

受检项目的质量特性不符合本标准 DB32/T 1172—2007 规定要求的均称为不合格，按其对作业质量的影响程度，分为 A 类不合格和 B 类不合格。不合格分类项目见表 2。

表 2　不合格项目分类

不合格分类		项　　目
类	项	
A	1	地表植被覆盖率
	2	耕深
B	1	耕深稳定性
	2	耕后地表平整度
	3	起浆度
	4	功率消耗
	5	作业后田间状况

7.4　评定规则

A 类全部合格，B 类不多于 1 项不合格，则评定水田埋草机作业质量为合格。

ICS 65. 060. 20

B 05

备案号：21651—2008

DB32

江 苏 省 地 方 标 准

DB32/T 1170—2007

反转灭茬机 作业质量
评价技术规范

Technical specifications of operating quality evaluation
for reversal paring machine

2007 - 11 - 26 发布   2008 - 01 - 26 实施

江苏省质量技术监督局 发布

前　　言

本标准按 GB/T 1.1—2002《标准化工作导则》第 1 部分《标准的结构和编写规则》和 GB/T 1.2—2002《标准化工作导则》第 2 部分《标准中规范性技术要素内容的确定方法》编写。

本标准由江苏省农业机械管理局提出。

本标准由江苏省农业机械管理局归口。

本标准起草单位：江苏省农业机械试验鉴定站、江苏省质量技术监督农机产品质量检验站。

本标准主要起草人：孔华祥、莫恭武、孙东群、薛刚、陶雷。

反转灭茬机　作业质量评价技术规范

1　范围

本标准规定了反转灭茬机作业条件、作业质量、检测方法和检验规则。

本标准适用于反转灭茬机（以下简称灭茬机）作业质量评定。

2　规范性引用文件

下列文件中的条款通过本标准的引用而成为本标准的条款。凡是注日期的引用文件，其随后所有的修改单（不包括勘误的内容）或修订版均不适用于本标准，然而，鼓励根据本标准达成协议的各方研究是否可使用这些文件的最新版本。凡是不注日期的引用文件，其最新版本适用于本标准。

GB/T 5262—1985　农业机械试验条件测定方法的一般规定

GB/T 5668.1—1995　旋耕机械

GB/T 5668.3—1995　旋耕机械　试验方法

NY/T 499—2002　旋耕机作业质量

3　术语及定义

NY/T 499—2002 确定的以及下列术语和定义适用于本标准。

反转　reversal rotation

作业时，旋耕刀轴上任一点（轴心除外），其轨迹圆上最低点的线速度方向与拖拉机的前进方向一致，这时旋转刀轴的旋转称为反转。

4 作业条件

4.1 田间条件

4.1.1 作业地块应符合灭茬机的适用范围，地势平坦，坡度不大于 5°。

4.1.2 土壤绝对含水率应不大于 30%。

4.1.3 反转灭茬前水稻秸秆应切碎，其长度≤200mm，铺放均匀。留茬高度≤350mm。

4.2 机具及操作要求

4.2.1 灭茬机应符合产品标准要求，配套拖拉机技术状态应良好。

4.2.2 灭茬机应按使用说明书操作。

5 作业质量

灭茬机作业质量应符合表 1 的规定。

表 1 灭茬机作业质量指标

项 目	指 标
耕深/mm	≥80
耕深稳定性/%	≥80
植被覆盖率/%	≥80
碎土率（≤4mm）/%	≥75
耕后地表平整度/mm	≤50
功率消耗/kW	≤85% 配套功率
作业后田间状况	田间无漏耕和明显壅土现象
功率消耗/kW	≤85% 配套功率
作业后田间状况	田间无漏耕和明显壅土现象

6　检测方法

6.1　总体要求

灭茬机作业质量检测应随机器作业进行，灭茬作业前按 GB/T 5668.3—1995 第 4.2.5 条进行田间调查，测定土壤类型、土壤含水率、耕前植被等。

6.2　耕深及其稳定性

应按 GB/T 5668.3—1995 第 4.3.1 条规定执行。

2.3　植被覆盖率

应按 GB/T 5668.3—1995 第 4.3.4 条规定执行。

6.4　碎土质量

应按 GB/T 5668.3—1995 第 4.3.3 条规定执行。

6.5　耕后地表平整度

应按 GB/T 5668.3—1995 第 4.3.6 条规定执行。

6.6　功率消耗

应按 GB/T 5668.3—1995 第 4.4 条规定执行。

6.7　作业后田间状况

目测。

7　检验规则

7.1　灭茬机作业质量指标

应符合 DB32/T 1172—2007 表 1 的规定。

7.2　灭茬机检测方法

应符合 DB32/T 1174—2007 的规定。

7.3　不合格分类

按其对灭茬机作业质量的影响程度，分为 A 类不合格和 B 类不合格。不合格分类见表 2。

225

表 2   不合格分类

不合格分类		项 目
类	项	
A	1	耕深
	2	植被覆盖率
B	1	碎土率
	2	耕深稳定性
	3	耕后地表平整度
	4	功率消耗
	5	作业后田间状况

7.4   评定规则

A 类项中有一项不合格，或 B 类项中有两项不合格，则判定该灭茬机作业质量不合格。

ICS 65.060.30

B 05

备案号：21653—2008

DB32

江 苏 省 地 方 标 准

DB32/T 1172—2007

玉米根茬粉碎还田耕整机
作业质量评价技术规范

Technical specifications of quality evaluation for agricultural
tiller of smashed root-stubble about maize

2007－11－26发布　　　　　2008－01－26实施

江苏省质量技术监督局 发布

前　言

本标准由江苏省农业机械管理局提出。

本标准由江苏省农业机械管理局归口。

本标准起草单位：江苏省农业机械试验鉴定站、江苏省质量技术监督农机产品质量检验站。

本标准主要起草人：糜南宏、钟志堂、陶雷、张婕、郑巍。

玉米根茬粉碎还田耕整机作业质量
评价技术规范

1 范围

本标准规定了玉米根茬粉碎还田耕整机作业条件、作业质量、试验方法和检验规则。

本标准适用于玉米根茬粉碎还田耕整机（以下简称还田耕整机）作业质量评定。

2 规范性引用文件

下列文件中的条款通过本标准的引用而成为本标准的条款。凡是注日期的引用文件，其随后所有的修改单（不包括勘误的内容）或修订版均不适用于本标准，然而，鼓励根据本标准达成协议的各方研究是否可使用这些文件的最新版本。凡是不注日期的引用文件，其最新版本适用于本标准。

GB/T 5668.3—1995 《旋耕机械 试验方法》

JB/T 8401.3—2001 《根茬粉碎还田机》

NY/T 985—2006 《根茬粉碎还田机 作业质量》

NY/T 499—2002 《旋耕机 作业质量》

3 术语和定义

本标准采用下列定义。

玉米根茬粉碎还田耕整机 Agricultural tiller of smashed root-stubble for maize

适用于玉米收获后，仅留有根茬的田块，以拖拉机为配套动力，一次性完成根茬粉碎、还田、耕整地作业，双轴结构型式的专用机械。

4 作业条件

4.1 田间条件

土壤绝对含水率为 10% ~ 25%，留茬高度不大于 30cm，地块平整，坡度不大于 5°。

还田耕整机应经调整，符合使用说明书的规定要求，保持状态良好，并以产品明示的额定生产率作业。

4.2 配套拖拉机状态良好，其轮距、动力输出轴额定转速应符合还田耕整机要求。

4.3 机手应按相应使用说明书的规定操作。

5 作业质量

还田耕整机作业质量应符合表 1 的规定。

表 1 作业质量指标

项 目	指 标
耕深/cm	≥8
耕深合格率/%	≥85
根茬粉碎率/%	≥85
根茬覆盖率/%	≥80
碎土率/%	≥90
耕后地表平整度/cm	≤5.0
漏耕率/%	≤0.5
作业后田间状况	根茬或植被的混合在田间地表及地表以下要分散均匀，不得有堆积现象；田间无漏耕和明显壅土现象
功率消耗/kW	≤85% 配套功率

6　试验方法

6.1　抽样方法

　　沿地块长宽方向的中点连十字线，将地块划成4块，随机选取对角的2块作为检测样本。

6.2　检测点位置的确定

　　采用5点法（四角及中央）检测，在样本地块上，从四个地角沿对角线1/8～1/4长度内选出一个比例数后算出距离，确定出4个检测点的位置，再加上其对角线的中点。（该取样不包括耕深合格率）

6.3　一般作业条件的测定应按 JB/T 8401.3—2001 中 7.1.5 的规定执行。

6.4　耕深合格率的检测方法应按 NY/T 499—2002 中 5.3.1 的规定执行。

6.5　根茬粉碎率、根茬覆盖率、碎土率的检测方法应按 NY/T 985—2006 中 5.1—5.4 的规定执行。（地表以下测量深度为耕深范围内全部耕层；合格根茬长度为≤50mm。）

6.6　耕后地表平整度的检测方法应按 NY/T 499—2002 中 5.3.4 的规定执行。

6.7　漏耕率的测定

　　漏耕率测定在检验的整块田中进行，测量各漏耕点的面积、站立漏切的根茬面积及检验田块的面积，按式（1）计算漏耕率。

$$L_g(\%) = \frac{\sum A_i}{A} \times 100 \qquad (1)$$

　　式中：

　　L_g——漏耕率，%；

　　A_i——第 i 漏耕点的面积，m^2；

A——检验田块的面积，m^2。

6.8　作业后田间状况

目测。

6.9　功率消耗的试验方法应按 GB/T 5668.3—1995 中 4.4.1 的规定执行。

7　检验规则

7.1　还田耕整机作业质量评价技术规范应符合本节表 1 的规定。

7.2　试验方法按 DB32/T 1174—2007 的规定。

7.3　不合格分类

按其对玉米根茬粉碎还田耕整机作业质量的影响程度，将不合格分为 A、B 两类。

不合格分类见表 2。

表 2　不合格分类

不合格分类		项目分类
类	项	
A	1	耕深
	2	耕深合格率
	3	根茬粉碎率
B	1	根茬覆盖率
	2	碎土率
	3	耕后地表平整度
	4	漏耕率
	5	作业后田间状况
	6	功率消耗

8　评定规则

　　A 类项中有 1 项不合格，或 B 类项中有 2 项不合格，则判定该玉米根茬粉碎还田耕整机作业质量不合格。

ICS 65.060.30

B 05

备案号：21655—2008

DB32

江 苏 省 地 方 标 准

DB32／T 1174—2007

秸秆还田机械　操作规程

Operational procedure for smashed straw machine

2007 - 11 - 26 发布　　　　　2008 - 01 - 26 实施

江苏省质量技术监督局 发布

前　言

本标准由江苏省农业机械管理局提出。

本标准由江苏省农业机械管理局归口。

本标准起草单位：江苏省农业机械试验鉴定站、江苏省技术监督农机产品质量检验站。

本标准主要起草人：胡传干、薛刚、刘炬、孙东群、陶雷。

秸秆还田机械 操作规程

1 范围

本标准规定了秸秆还田机械（以下简称还田机）的作业条件、操作使用、安全事项、检查保养、维修、贮存等技术规程。

本标准适用于以玉米、小麦、水稻等作物为主的秸秆还田机械。

2 规范性引用文件

下列文件中的条款通过本标准的引用而成为本标准的条款。凡是注日期的引用文件，其随后所有的修改单（不包括勘误的内容）或修订版均不适用于本标准，然而，鼓励根据本标准达成协议的各方研究是否可使用这些文件的最新版本。凡是不注日期的引用文件，其最新版本适用于本标准。

GB 10395.1—2001 农村拖拉机和机械安全技术要求第 1 部分：总则（eqVISO4254 – 1：1989）

GB 10395.5—2006 农林拖拉机和机械安全技术要求第 5 部分：驱动式耕作机械

3 作业条件

3.1 田间条件

3.1.1 田面平整，坡度不大于 5°。

3.1.2 旱地作业时，土壤含水率不大于 30%；水田作业时，地块应浸泡 24 ~ 48h，水层深为 1 ~ 3cm。

3.1.3 秸秆铺放均匀，秸秆还田量应符合农艺要求。

3.2 操作人员条件

操作人员须经过安全操作技术教育与培训，并熟读产品使用说明书，熟练掌握还田机操作技能。

3.3 机具条件

还田机应保持良好的技术状态，满足作业要求。配套拖拉机状态良好，拖拉机轮距、动力及其输出轴额定转速符合还田机设计要求。

4 操作使用

4.1 机具安装

4.1.1 按说明书要求安装规定规格的刀片或锤爪，不同型号和不同质量等级的刀片或锤爪不得混装。

4.1.2 将还田机与拖拉机悬挂连接，调整拉杆，插好扣销，防止松脱。

4.1.3 安装万向节，保证传动轴中间两节叉的叉面处于同一水平面，插好定位销，并用开口销将定位销固定，防止松脱。

4.2 作业前机具调整

4.2.1 检查和调整还田机的左右水平状态，保证左右在同一水平位置。

4.2.2 按产品说明书要求，检查和调整万向节前后夹角。最大夹角工作状态时不允许大于 $\pm 5°$，提升时不允许大于 $20°$。

4.2.3 根据地块条件、作业要求，调整机具作业限位装置，确定合适的作业深度，以及作业机具提升最高限位。

4.3 作业前检查和试运转

4.3.1 检查各零部件联接是否可靠。

4.3.2 检查紧固件有无松动。

4.3.3 转动部件是否灵活。

4.3.4 检查齿轮箱的机油及各润滑部位的润滑油脂。

4.3.5 检查有无渗、漏油现象。

4.3.6 检查刀片或锤爪是否齐全、完好，安装是否牢固。

4.3.7 检查各部位扣销安装是否牢固。

4.3.8 检查调整皮带的张紧度。

4.3.9 检查完毕后，空运转 5~10min，确认各部位运转状况正常后，方可进行作业。

4.4 田间作业

4.4.1 观察、了解作业田块及秸秆情况。作业时移除或避开障碍物。

4.4.2 根据田间秸秆情况、土壤含水率、坚实度和作业要求，对作业速度、耕深进行调整。

4.4.3 禁止带负荷起动。起步时，应使还田机逐步达到限定位置，禁止在起步前将还田机猛放至限定位置。

4.4.4 作业中禁止带负荷转弯，转弯时应将还田机升起，转弯后方可降落作业，注意升降平稳。

4.4.5 作业中禁止带负荷后退。还田机不提升禁止后退。

4.4.6 作业中转移时，应切断动力输出，还田机停止转动。

4.4.7 作业中观察传动皮带的张紧度，如过松过紧，均应及时调整。

4.5 运输及停放

4.5.1 长距离转移或运输时，应拆除与拖拉机动力输出轴连接的万向节，将还田机提升到最高位置，并采取有效的防降措施。

4.5.2 停车时，将还田机降落着地，不得悬挂停放。

5 安全事项

5.1 万向节传动轴应有可靠的安全防护，并符合 GB 10395.1—2001 的规定，不得随意拆卸、改装。

5.2 还田机顶部、后部、前部和端部的防护应符合 GB 10395.5—2006 的规定，不得随意拆卸、改装。

5.3 侧边传动装置应设置可靠的防护罩，并符合 GB 10395.1—2001 的规定，不得随意拆卸、改装。

5.4 作业及运输时，禁止在还田机上堆放重物或站人。

5.5 还田机运转时，机具后方及侧方严禁站人。

5.6 还田机运转时，不得打开或拆卸防护罩。

5.7 还田机运转时，不得进行检查、维修、保养及清除杂物等操作。

5.8 若作业时出现异常现象，应迅速停止作业，断开动力连接，熄灭发动机，确认故障原因，排除故障后方可继续作业。

5.9 在提升状态检查、保养时，应确保断开动力连接，并采取有效的防降措施。

5.10 安全警示标志不能随意撕毁，应永久保持。

6 检查保养、维修、贮存

6.1 检查保养

6.1.1 还田机作业前或作业结束后，应进行日常清理与检查，并及时更换配件、加注油脂，紧固连接件。

6.1.2 按产品使用说明书规定进行检查、维护保养，每年至少定期检查一次。

6.2 维修

6.2.1 还田机维修应由原生产单位或有资质的单位进行维修。

6.2.2 使用单位或维修单位不应任意改变还田机原设计参数，不应采用性能等级低于原材料的代用材料及与原有规格不符的零、部件。

6.2.3 维修时还田机的各零、部件不得随意拆除或漏装，不得任意调换。

6.2.4 还田机锤爪或刀片作业磨损需更换时，应成对更换。更换的锤爪或刀片在同一质量等级，并在规定的误差限内。

6.2.5 维修后，应按相关维修质量标准规定进行检验。如不能修复或修复后不能达到相关维修质量标准规定，则应予报废。

6.3 贮存

6.3.1 整机应贮存在通风、干燥的场所，并采取防潮、防晒和防雨雪等措施。

6.3.2 应拆下万向节，放置室内。

6.3.3 应使还田机刀尖离地，对刀片和悬挂销、孔，以及外露花键轴、套等应采取防锈措施。

VI. 淮安市秸秆综合利用
2011～2015年规划

　　淮安市位于江苏的中北部，黄淮平原东部，淮河流域下游，地理坐标为东经118°12′00″至119°36′30″，北纬32°43′00″至34°06′00″，东西最大直线距离132千米，南北最大直线距离150千米，总面积为10 072千米^2，其中水域面积为2 600千米^2，占总面积的25.8%。淮安东与盐城接壤，西邻宿迁，南靠安徽、扬州，北与连云港毗连，是江苏南北交通交汇中心。淮安市是个农业大市，农作物秸秆资源以水稻、小麦、玉米秸秆为主。2011年全市秸秆量421万吨，秸秆资源量较丰富。

　　农作物秸秆富含纤维素、半纤维素和木质素，是可再生的生物质能源资源。长期以来，秸秆是我国农村居民主要生活燃料、大牲畜饲料和有机肥料，少部分作为工业原料、沼气原料和食用菌基料。近年来，随着农村劳动力转移、能源消费结构改善和各类替代原料的应用，加上秸秆综合利用成本高、经济性差、产业化程度低等原因，开始出现了地区性、季节性、结构性的秸秆过剩，特别是我市作为粮食主产区，秸秆产量高，秸秆的处理成为难题，违规焚烧现象屡禁不止，不仅浪费资源、还严重污染环境，威胁交通运输安全。抓好秸秆综合利用，是发展循环经济，促进能源消费结构调整，转变经济增长方式，建立节约型社会的有效措施，也是从根本上缓解农村饲料、肥料、燃料和工业原料紧张状况，保护农业生态环境，减少空气污染，增加农民收入，实现社会经济可持续发展的有效措施。

　　为加快推进秸秆综合利用，促进资源节约、环境保护和农民增收，实现农业生产与资源、环境和谐发展，根据秸秆资源分布及利用现状，特编制《淮安市秸秆综合利用 2011～2015 年规划》。本规划提出了从 2011 年到 2015 年期间淮安市秸秆综合利用发展目标、布局和建议，为进一步制定和完善各项政策，基本解决秸秆露天焚烧问题，逐步形成秸秆资源开发利用的良性循环，促进农村经济社会持续、协调发展，改善农村居民生产生活条件，增加农民收入，保护生态环境奠定基础。

一、秸秆资源潜力和综合利用现状分析

淮安市位于北亚热带向暖温带的过渡区域，兼有南北气候特征，属温带季风气候区，气候宜人，四季分明。境内河湖众多，水网密布，平原广阔，土壤类型以潮土、水稻土、黄棕壤土为主，适宜多种农作物生长。耕地面积 590 万亩，以种植水稻、小麦、玉米、油菜为主，是江苏省重要的农业产区。

（一）全市秸秆资源潜力

淮安市秸秆资源总量较大、品种多样，但主要类型以稻麦黄色秸秆为主，可利用潜力巨大。

1. 资源总量

近年来，全市年产秸秆量基本稳定在 420 万吨左右。2010年，全省农作物播种总面积 1 160万亩，其中粮食作物播种面积 966 万亩，油料作物播种面积 60 万亩，秸秆资源总量 421.8 万吨，利用量 297.8 万吨，稻麦秸秆综合利用率 75% 左右，尚有 124 万吨未合理利用。农民为了抢抓农时，不得不焚烧。因此，抓好农作物秸秆综合利用，是从源头上解决秸秆焚烧的根本性措施。

2. 全市秸秆以水稻、小麦、玉米秸秆为主，占秸秆资源总量的 98%

其中，水稻秸秆 242.4 万吨，占总量的 57.4%；小麦秸秆 147.5 万吨，占 34.9%；玉米秸秆 24 万吨，占 5.6%。

3. 全市农作物收获高峰段主要集中在夏、秋两季

小麦、油菜等收获期由南向北从 5 月下旬开始历时一个月，水稻、玉米、棉花、大豆等收获期由北向南从 9 月下旬开始历时一个半月。夏季主要农作物（小麦、油菜）秸秆量 148.26 万吨（其中：小麦 147.5 万吨、油菜 0.76 万吨），占全市总量的 35.1%；秋季主要农作物（水稻 242.4、玉米 24、大豆 2.52、薯类 3.48、花生 1.17）秸秆量 273.57 万吨（其中：水稻 242.4 万吨、玉米 24 万吨、大豆 2.52 万吨、薯类 3.48 万吨、花生 1.17 万吨），占全市总量的 64.8%。

4. 近年来全市秸秆产量持平略增、总体稳定

从变化趋势看，一方面随着工业化与城市化进程加快，农业结构调整和高效设施农业投入力度加大，大田农作物种植面积有所减少，秸秆总量将呈略减态势；另一方面农业科技进步将使单位面积农作物产量增加，秸秆量随之增加。综合考虑增减两方面因素，预计今后一段时期，全市秸秆量将在 420 万~450 万吨之间小幅波动。

（二）淮安市秸秆综合利用现状

近年来，在国家、省和市政府积极推动与支持下，秸秆综合利用取得了显著成果，投资建设了秸秆沼气、秸秆汽化、秸秆成型燃料等综合利用项目。同时，多种形式的秸秆还田、秸秆快速腐熟还田、过腹还田、栽培食用菌等技术的推广应用，在一定程度上减少了秸秆焚烧现象。2010 年我市秸秆多形式利用量 181.82 万吨，其中：秸秆能源化利用量为 110.81 万吨，肥料化利用秸秆量（机械化还田除外）38.7 万吨，基料化利用秸秆量 6.91 万吨，饲料化利用秸秆量 14.45 万吨，工业原料化利用秸秆量 6.90 万吨，其他方式利用秸秆量 4.05 万吨。秸秆机械化还

田 274 万亩，还田秸秆量 116 万吨。

1. 秸秆肥料化利用

主要包括机械化还田、覆盖还田、快速腐熟还田、稻麦双套还田、堆沤还田等。秸秆直接还田是当前我省秸秆肥料化利用最主要的途径，也是最现实、最易于推广操作的秸秆利用方式，有利于农业可持续发展。自 2008 年以来，按照市政府要求，农机收割时在收割机上增加安装秸秆切碎装置，机收留茬 15 厘米以下，切碎秸秆后快速耕翻还田。快速腐熟还田、覆盖还田、稻麦双套还田、堆沤还田等非机械化还田利用方式近几年来也呈上升趋势，对改善土壤性质、提高肥力具有良好效果。2010 年，全市秸秆肥料化利用量 154.7 万吨，约占秸秆资源总量的 36.6%。

2. 秸秆能源化利用

随着近年来秸秆发电步伐的加快，秸秆能源化利用的地位和作用进一步凸显。秸秆能源化利用方式主要包括农村直接生活燃料、秸秆发电、沼气、汽化、固化成型和炭化等。2010 年，全市秸秆能源化利用 110.8 万吨，占秸秆资源总量的 26%，其中农村直接生活燃料利用占 20% 左右，发电、沼气、汽化、固化成型等占 6%。各种利用方式中，秸秆直接用作生活燃料的比例仍较大；秸秆发电的比例呈较快上升趋势，秸秆沼气和秸秆汽化加快推广，秸秆固化已步入实用阶段。

秸秆发电。据测算，每 2 吨秸秆的热值相当于 1 吨标准煤的热值，其平均含硫量仅 0.38%，远低于煤 1% 的含硫量，且秸秆焚烧后的灰烬含有丰富的钾、镁、磷和钙等成分，可用作高效肥料。秸秆发电分直燃发电、混燃发电和汽化后发电三种方式，我市以直燃方式为主。直燃发电是通过在高温高压锅炉中直接燃烧经过预加工的秸秆产生热能，再进一步转化为电能。目前，用于直燃发电的秸秆主要有两类：第一类为黄色秸秆，主要是玉米、小麦、稻草等秸秆，具有体积大、重量轻、密度小等特点，为保证单位时间内的上料量，需将秸秆按一定的规格打捆后输送至炉膛内燃烧；第二类为灰色秸秆，主要是棉花秸秆、树枝、木材下脚料等密度较大的木本类植物，需破碎加工后输送至炉膛内燃烧。两类秸秆的化学和物理特性有所不同，收集、贮运、处理难度和燃烧特性差异明显，用黄色秸秆做原料发电比灰色秸秆技术难度大、成本高，而我市秸秆发电又以黄色秸秆为主，在一定程度上制约了秸秆发电企业的秸秆资源利用量。据统计，淮安市位于楚州区的江苏国信淮安生物质发电有限公司和中电洪泽生物质热电公司，以及周边宝应县、泗阳县的生物质电厂，年消耗秸秆 19.8 万吨左右。

秸秆沼气。我市农村沼气起步早、发展快，是提供农村清洁能源的有效途径。截至 2010 年底，全市累计建成户用沼气池 12.5 万个。秸秆沼气是指秸秆通过厌氧发酵，将秸秆转化成可燃性气体——沼气。利用秸秆沼气技术是既解决部分秸秆出路又解决沼气池原料问题的有效举措。每建一座秸秆沼气池年可消耗 1 吨秸秆，相当于 2 亩地秸秆可收集量。随着技术的逐步完善和推广应用，秸秆沼气发展步伐加快，全市已有 2 万多户使用秸秆沼气，利用量 2 万吨左右，对全市秸秆综合利用起到良好的示范引导作用，推广成效全省领先。

秸秆汽化。秸秆通过热解汽化将低值的秸秆资源转化为高值的燃气，提高了农村生活用能质量和效率，方便了农民群众生活。近年来，我市部分地区开始推行秸秆汽化集中供气试点工作，以村为单位实行集中供气。每个供气 300 户的秸秆汽化站（必要基础设施、1 台机组、500 米^3 贮气柜、300 户管道及灶具配件、2 名维护人员）总投资在 150 万元左右，正常每处秸秆汽化站供汽规模 300 户左右，每千克秸秆可产气 2 米^3，每个农户每天需用气 5 米^3，年消耗秸秆 500 吨左右。目前，该项技术已在我市示范运行，用户反映良好、性能稳定、质量可靠，热值及产气量均较稳定，能满足农民生活炊事燃料的需要，具备扩大示范应用条件。截至 2010 年底，目前全市已新建 8 处，年消耗秸秆 4 000吨。

秸秆固化成型燃料。秸秆固化成型是在机械设备的压力作用下，将秸秆压缩为成型燃料，可以替代木柴、原煤、燃气等燃料，广泛用于取暖、生活炉灶、锅炉、生物质发电厂等，是高效利用秸秆资源的有效途径。目前，我市秸秆固化成型燃料规模还不大，但发展前景广阔。2010 年，淮安共建设 8 个秸秆固化点，消耗秸秆 3 万多吨。

3. 秸秆工业原料化利用

秸秆作为工业原料，目前主要应用于板材加工、造纸、建材、编织、化工等领域。把秸秆粉碎、烘干、加入黏合剂、增强剂等再经过挤压成型，制造纤维板、包装箱、快餐盒、工艺品等工业产品既减轻了环境污染，又缓解了木材供应的压力。因生产经营成本难以控制，产品市场开拓难度较大，秸秆实际消耗量有限。以淮阴区鼎元科技发展有限公司利用秸秆生产高密度板，盱眙县黄花塘宝德包装材料有限公司和耿公草垫厂、盱眙惠民秸秆板材有限公司等为代表的秸秆工业化利用企业，年消耗秸秆 7 万吨，占秸秆资源总量的 1.6% 左右。

4. 秸秆饲料化利用

依托我市较发达的大牲畜养殖业，通过秸秆青贮、微贮、氨化、盐化、碱化等饲料转化技术。秸秆饲料适口性强，纤维降解率可达 20% ~35%，蛋白质含量增加 50% 以上，并含有多种氨基酸，可代替 40% ~50% 的精饲料。盱眙县金泰高能饲草饲料有限公司利用秸秆生产颗粒料。据统计 2010 年，饲料化消耗秸秆约 15 万吨，为肉牛、奶牛养殖户提供了丰富的饲料来源，秸秆饲料化利用秸秆量约占全市秸秆资源总量的 3.5%。

5. 秸秆基料化利用

包括食用菌基料和育苗基料、花木基料、草坪基料等，目前主要以食用菌基料为主。秸秆作为良好的食用菌基料，搭配必要的培养基生产食用菌，原料来源丰富、价格低廉，生产食用菌后的基料富含营养，既能加工成饲料实现过腹还田，也可作为优质有机肥直接还田，是延长农业产业链和发展生态农业的重要组成部分，是发展现代高效农业的一项重要内容。我市在淮阴区、涟水县、洪泽等地秸秆培育食用菌技术推广均有样板，淮阴区丁集等地利用稻草作为基质培养草菇，洪泽县万集、高涧、东双沟等地以稻草作为基质培养平菇，金湖县金南引进外地客商利用稻麦秸秆作为基质培养双孢菇，都取得明显成效。目前，全市秸秆食用菌栽培面积约 530 万米^3，消耗作物秸秆 6.9 万吨，约占全市秸秆总量的 1.6%。

（三）存在的主要问题

经过近年来的努力，淮安市秸秆综合利用取得了较显著成效，一批以秸秆为原料的工业、秸秆沼气、秸秆汽化、秸秆成型燃料等综合利用项目相继建成投产，多种形式的秸秆还田、秸秆快速腐熟还田、过腹还田、栽培食用菌等技术得到推广应用，在一定程度上减少了秸秆焚烧、浪费现象。但是总体上看，我市秸秆综合利用步伐虽然较快，但仍以传统利用方式为主，秸秆的资源化、商品化步伐还不快，产业链较短，利用结构与布局有待进一步优化，比较效益有待进一步提高，综合利用率有待进一步提升，秸秆露天焚烧和弃置现象短期内难以完全禁止。存在这些问题的主要原因有以下几方面。

1. 部分地方对农作物秸秆综合利用工作认识不足

一些地区没有把秸秆真正作为资源来看待，缺乏统筹规划，综合利用推进不力。秸秆综合利用涉及电力、能源、农业、林业、农机等多个行业和多种技术，是一项复杂的系统工程，社会效益远远大于经济效益，在目前市场机制不健全的情况下，如果没有政府的强力推动，单纯依赖企业自身发展是很难取得明显成效的。基层政府对秸秆利用和禁烧工作的重要性和紧迫性认识还不够，有些地方是有认识无措施，综合利用秸秆积极性不高，秸秆焚烧屡禁不止。

2. 秸秆收集贮运体系不健全，市场化机制不完善

秸秆收集贮运体系是秸秆综合利用产业化发展的前提和基础。秸秆量大、分散、体积蓬松、密度较低、收获季节性强，收割、捡拾、打捆等配套设施缺乏，造成秸秆的收集、贮运难度大，成本高，加上服务体系不健全，还存在价格不合理上涨问题，给秸秆的收购、储存、运输带来很大困难，严重影响了秸秆综合利用。目前，各地还没有建立有效的市场机制和储运体系，秸秆商品化水平低，缺乏鼓励秸秆综合利用和秸秆储运体系的具体政策措施，秸秆产业发展滞后。秸秆收集贮运问题已成为制约秸秆产业化发展的主要瓶颈之一。

3. 秸秆综合利用配套技术设备研究与推广还不够

现有秸秆综合利用方式中还存在许多技术瓶颈，严重制约利用水平的提高。一方面，一些秸秆综合利用关键技术尚未突破或不成熟。例如，秸秆还田相关配套技术与配套机具的研发力度仍然不足，缺乏适应小地块、便于操作的还田、打捆机具；秸秆发电直燃锅炉腐蚀、结焦问题严重；秸秆汽化供气管网焦油清除难、系统负荷率低；秸秆固化与炭化生产设备配套率低、耗能高；秸秆饲料转化率、消化率不高。另一方面，新技术应用规模较小，适宜农户分散经营的小型化、实用化技术缺乏，技术集成组合不够。

4. 政府扶持资金投入不足，扶持政策不配套

尽管这几年国家推进秸秆综合利用产业化的投入在逐年增加，但尚未形成稳定有效的投入机制，各级政府相应补贴或扶持政策滞后，农民和生产企业的积极性没有充分调动起来，制约了秸秆综合利用项目的开发和企业的发展。近两年，我市争取了财政对大中型拖拉机及秸秆还田机械给予补贴，这在一定程度上缓

解了投入矛盾，但由于限量补贴，远不能满足各地需要，而对全市投入而言，更是杯水车薪。对于秸秆汽化、秸秆沼气等技术推广，均需要政府的引导扶持，资金缺口大，没有形成支持农业生物质能产业持续发展的长效机制，资源和产业优势还没有得到充分发挥。

5. 产业化经营的格局尚未形成

目前我市实施了一批秸秆综合利用产业化项目，秸秆综合利用未形成规模优势，以企业化管理来经营秸秆种菇场、秸秆汽化站、秸秆生物制肥厂等的进展也不是很大。现有秸秆综合利用的途径和成效主要是依靠行政高压推动措施取得的，还不具备市场化的秸秆综合利用产业体系应该具有的可持续和良性发展能力，应引导农民以科技为依托、市场为导向，探讨新的运行机制，把利用秸秆资源产出各种副产品的单独过程加"环"组"链"，逐步实现贮、养、加、销各环节的有机衔接，走产业化经营的道路，把资源优势转化为市场优势。

（四）基本结论

根据秸秆资源量、利用现状和存在问题，全市秸秆综合利用总体呈现以下特征。

1. 综合利用水平中等

2010 年，全市稻麦秸秆综合利用率接近 75%，在全省处于中等水平。

2. 秸秆肥料化、能源化利用占主导地位

2010 年肥料化和能源化利用量占全市的 62.8%，在秸秆综合利用中起着主导作用；秸秆饲料化、基料化、工业化利用在全市秸秆综合利用中仅起着辅助性作用。因此，今后一段时期全市秸秆综合利用应突出抓好"秸秆肥料化、能源化利用"，结合秸秆饲料化、秸秆基料化、秸秆工业原料化利用方式，引导各地结合实际因地制宜加以鼓励和扶持。

3. 瓶颈制约尚未突破

主要集中在两个方面，一是利益激励机制不健全，长效机制尚未形成；二是"综合利用技术、收集贮运体系"两大关键环节支撑力度不够，制约了秸秆综合利用产业化的发展。

二、指导思想、基本原则和发展目标

（一）指导思想

深入贯彻落实科学发展观，认真落实节约资源和环境保护基本国策，促进资源节约型、环境友好型社会建设。把推进秸秆综合利用与社会主义新农村建设、农业增产增效和农民增收结合起来。以技术创新为动力，以制度创新为保障，通过秸秆多途径、多层次的合理利用，逐步形成秸秆综合利用的长效机制，有效解决秸秆焚烧问题。

（二）基本原则

1. 突出重点、多元利用

根据全市秸秆综合利用的总体特征，重点抓好秸秆机械化全量还田与能源化利用，实现秸秆还田与其他非农领域利用方式的共生组合，形成特色鲜明、布局合理、多元利用的秸秆综合利用格局。

2. 因地制宜、分类指导

坚持从各地实际出发，不搞一刀切，根据各地秸秆资源的数量、品种、分布特征和综合利用现状，着力引导各地选择符合本地生产条件和经济发展状况的秸秆综合利用结构与方式。在依法划定的秸秆禁烧范围内优先安排规模化秸秆利用项目，确保实现全面禁烧、禁抛。

3. 远近结合、分步实施

既要立足当前，努力实现秸秆禁烧的目标，大力推进秸秆还田等成熟适用的利用方式，又要着眼长远，充分把握秸秆综合利用技术的发展趋势，大力研发新技术，努力拓展新领域，推动秸秆利用向产业化程度高、循环链条长的深层次领域发展，实现秸秆资源利用价值的最大化。

4. 试点示范、以点带面

秸秆综合利用是一项涉及面广的系统工程，工作实际中应充分发挥典型地区、典型企业、典型技术的示范带动效应，通过组织试点、重点项目实施和示范基地建设，有效调动地方政府、企业和广大农民的积极性，切实推动面上工作，实现整体突破。

5. 利益纽带、长效机制

着眼于构建长效机制，进一步加大政策引导和扶持力度，充分调动各方面积极性，理顺利益关系，着眼于农民得实惠、企业增效益，通过完善利益链带动产业链发展，加快建立以政策为导向、企业为主体、农民广泛参与的秸秆综合利用长效机制。

（三）发展目标

2011 年，秸秆综合利用率达到 90%，到 2013 年，全市基本形成布局合理、多元利用的秸秆综合利用产业化格局，秸秆综合利用率达 92% 以上，全面禁止秸秆焚烧、抛河；到 2015 年，秸秆综合利用率超过 95%。

1. 各领域利用率目标

2011 年，秸秆肥料化利用率达 55.9%，能源化利用率达 27.8%，工业原料化利用率达 1.9%，饲料化利用率达 2.7%，基料化利用率达 1.76%；2013 年，秸秆肥料化利用率达 56%，能源化利用率达 28.8%，工业原料化利用率达 2.2%，饲料化利用率达 2.9%，基料化利用率达 2%；到 2015 年，秸秆肥料化利用率达 58.5%，秸秆能源化利用率达 28.9%，工业原料化利用率达 2.4%，饲料化利用率达 3%，基料化利用率达 2.1%。

2. 秸秆机械化全量还田目标

2011～2012 年，大力推广机械化还田，确保到 2013 年全市稻麦秸秆机械化全量还田面积达到总面积的 60% 以上；2015 年，全市稻麦秸秆机械化全量还田面积基本稳定，还田面积达 62% 以上，继续鼓励秸秆覆盖还田、生物腐熟还田、稻麦双套还田等多种秸秆还田方式。

3. 秸秆收集贮运体系建设目标

到 2013 年，全市基本建立秸秆收集贮运体系，田间收集处理、收购站点、贮存运输等环节有机衔接，基本满足秸秆产业化利用的需求。到 2015 年，进一步提高秸秆资源化、商品化程度，进一步健全市场化利益分配机制，完善以企业需求为龙头、专业合作经济组织为纽带、农民为基础的收集贮运体系。

三、重点领域和主要任务

（一）重点领域

根据全市秸秆综合利用现状、资源潜力，综合考虑秸秆各种利用方式的现有基础、秸秆资源利用量、技术成熟程度以及发展变化趋势等因素，确定今后一段时期全市秸秆综合利用重点领域。

1. 基础领域

政策导向明确、技术成熟适用、利于农业可持续发展，在秸秆综合利用方式中具有基础性地位和作用的领域，主要包括秸秆还田、秸秆基料、秸秆饲料、秸秆沼气等。

2. 主导领域

以规模化利用方式为主、产业化程度高、资源利用量大，对进一步提高秸秆综合利用率起重要支撑作用的领域，主要包括秸秆发电、秸秆板材、秸秆造纸等。

3. 潜力领域

技术含量较高、利用程度较深、未来前景广阔、发展潜力较大，对秸秆综合利用方式具有拓展作用的领域，主要包括秸秆新型建材、秸秆化工等。

今后一段时期，全市秸秆综合利用总体上要按照"立足基础领域、大力发展主导领域、加快培育潜力领域"进行分类指导。

（1）在资源种类上，主要解决占全市秸秆资源总量92%的稻麦秸秆的综合利用。

（2）在利用方式上，重点抓好秸秆还田、秸秆能源化利用、秸秆基料化利用等对秸秆利用起支柱性作用的三种方式，作为全市推进秸秆综合利用的主攻方向。

（3）在重点区域上，着力提升以下领域秸秆综合利用水平。一是机场附近、交通沿线。这一地区包括淮安机场周边地区、公路、铁路沿线。从今年起要基本实现以机场为中心15千米为半径的区域，沿高速公路、铁路、国道、省道两侧各2千米范围内率先实现秸秆利用目标，确保交通安全，防止火灾发生，减少环境污染。二是城市郊区、乡镇周边地区。这一地区还包括各级自然保护区和文物保护单位及其人文遗址、林场、油库、通讯设施等周边地区。要确定在城市郊区以及重点单位周边10千米、小城市、乡镇5千米范围内秸秆综合利用方案。三是全市其他粮食主产地区。重点在粮食主产地区全面开展秸秆综合利用工作，彻底解决农作物秸秆的出路问题。

（4）在关键环节上，着力突破秸秆收集贮运体系和秸秆综合利用关键技术两大瓶颈制约。

（5）在理念导向上，突出以产业化推进秸秆综合利用，尤其在秸秆能源化、工业化利用等非农领域，加快形成产业化发展格局，逐步形成市场驱动机制。

（二）主要任务

1. 强力推进秸秆还田

在总结近年来我市承担的省级秸秆综合利用示范县、推进县建设经验基础上，科学合理地推行秸秆机械化还田。

加大目标考核力度，按照 2013 年全市稻麦秸秆机械化全量还田面积占总面积 60% 以上的要求，将任务按年度分解到各县（区），落实到具体田块，实行目标管理，严格奖惩措施。不断完善秸秆机械化全量还田技术路线、还田模式和相关扶持政策，加大机械推广和配套力度，鼓励农民购置大马力拖拉机和秸秆还田机具。加快制定还田作业标准，为推进秸秆机械化全量还田提供依据。

继续鼓励支持秸秆覆盖还田、生物腐熟还田、稻麦双套还田、行间铺草等其他秸秆还田方式，尤其是在地块小、田埂多、大马力机械不宜操作的地区和丘陵地带要积极提倡。

2011 年，计划稻麦秸秆机械化还田面积 522 万亩，还田率达 60%；2013 年，稻麦秸秆机械化还田面积 527 万亩；到 2015 年稻麦机械化还田面积达 540 万亩，还田率达 62% 以上。

2. 合理安排秸秆发电

充分考虑已批秸秆发电企业布局和秸秆资源状况等因素，重点抓好已批盱眙正兆、淮阴区华鹏等 2 家秸秆发电厂的建设和管理，一方面着力提高已并网发电机组秸秆利用潜力，力争一台额定容量 15 兆瓦的发电机组利用秸秆量达 10 万吨以上；另一方面加快已批秸秆发电厂的建设进度，力争 2013 年秸秆发电利用量 30 万吨，2015 年底前秸秆发电厂全部投入运营，全市建成并网发电机组 105 兆瓦，秸秆利用量达 70 万吨。新设秸秆发电项目要充分考虑秸秆资源量和经济合理的收集成本，原则上设置在农作物相对集中、缺少规模化利用企业的地区，每个县城（含淮阴区、淮安区）或 100 千米半径范围内不得安排重复布置生物质发电厂。

3. 引导促进秸秆工业化利用

按照突出重点、形成特色、延伸链条、放大优势的思路，围绕现有基础好、技术成熟度高、市场需求量大的重点行业，加快发展秸秆工业原料化利用，扶持一批上水平的秸秆工业原料化利用重点企业，培育一批知名品牌，建设一批示范基地。

秸秆制板。围绕做大做强的目标要求，强化我市秸秆板材产业的技术支撑。加快市场需求培育，有效扩大市场需求。同时，突出抓好一批重点项目，进一步放大技术优势、产业优势、品牌优势，力争将我市建成全苏北地区重要的秸秆板材产业基地。

秸秆编织。积极鼓励农户、村集体组织、农民专业合作组织和龙头企业进行秸秆编织，扶持一批专业村、专业镇，增加农民就业，带动农民增收。

秸秆新型建材和秸秆化工。鼓励有条件的地区围绕秸秆墙体材料、秸秆彩瓦、秸秆防火板、秸秆装饰材料等新型建材和秸秆提取乙醇、秸秆酶制剂等化工产品，加快技术创新步伐，做大产业规模，不断提高在秸秆综合利用中的比重。

到 2013 年，全市秸秆工业原料化利用秸秆量达 7 万吨；到 2015 年达 8 万吨。

4. 扶持发展秸秆饲料加工业

加快推广秸秆青贮、氨化、膨化、压块和发酵等技术，特别是在养畜大县充分利用秸秆养畜，促进节粮畜牧业快速发展。积极培育秸秆饲料加工企业，鼓励秸秆饲料出口，扶持发展盱眙县金泰高能饲草饲料有限公司等一批秸秆饲料加工企业。到 2013 年，全市饲料化利用秸秆量达 12 万吨；到 2015 年达 13 万吨。

5. 鼓励发展秸秆基料化产业

在全省推广发展秸秆食用菌基料产业，培育壮大秸秆食用菌基料龙头企业、专业合作组织、种植大户，引导秸秆资源为基料的食用菌生产，以食用菌规模化发展带动秸秆基料产业的壮大。积极发展秸秆育苗基料、花木基料、草坪基料等生产企业，促进秸秆基料产业快速发展。到 2013 年，全市秸秆基料利用量达

8.4 万吨；到 2015 年达 9 万吨。

6. 加快发展秸秆固化成型

大力发展秸秆固化成型加工点，着力提高加工能力，加快秸秆固化成型产业化步伐。积极引导工业企业使用秸秆固化成型燃料，鼓励燃煤锅炉实施节煤替代，扩大秸秆固化成型燃料市场需求。围绕改善农村居民生活燃料结构，抓好示范带动，扶持一批秸秆固化成型项目。在秸秆发电厂、用能大户周边区域和禁烧区域优先鼓励发展。到 2013 年，全市秸秆固化成型秸秆量达 16 万吨；到 2015 年达 22 万吨。

7. 支持发展秸秆沼气、秸秆汽化

将秸秆沼气、汽化与社会主义新农村建设结合起来，稳步发展秸秆户用沼气和户用型秸秆汽化（半汽化）炉，积极发展联户沼气。在试点的基础上加快发展沼气集中供气、热解汽化集中供气，特别是加大对城市近郊、重要交通线等禁烧区域支持力度。结合规模化养畜场发展，积极推广"统一建池、集中供气、综合利用"的大中型沼气工程建设模式，向农户提供清洁能源，向农业提供高效有机肥，大中型沼气工程重点安排在规模化养殖场和养殖小区。积极支持农村沼气技术服务体系建设，为乡村服务网点提供进出料、检测和维修工具等设备，推进农村沼气服务体系建设社会化、市场化、规范化。到 2013 年，全市建设一批秸秆沼气与汽化集中供气示范点，利用秸秆量在 5 万吨以上；到 2015 年，在 6 万吨以上。

8. 大力推动秸秆综合利用装备研发制造

鼓励高等院校、科研院所和农业技术推广机构、农机生产企业，积极开展秸秆还田机械、打捆机械、固化成型机械、发电锅炉设备、板材加工设备、汽化设备等的研发与制造，促进秸秆综合利用设备制造业发展壮大。支持关键技术重点攻关和技术集成应用研究与示范推广，推进技术标准体系建设，突破关键技术瓶颈，促进技术集成与推广应用。

9. 建立健全秸秆综合利用收集贮运服务体系

加快建立以需求为引导，利益为纽带，企业为龙头，专业合作经济组织为骨干，农户参与，市场化运作，政府推动，多种模式互为补充的秸秆收集贮运服务体系。鼓励发展专业合作经济组织，壮大农民经纪人队伍，提供秸秆收集贮运综合服务。鼓励有条件的乡镇和秸秆利用企业建设秸秆收贮中心，支持农村专业合作经济组织、农民经纪人和企业建立秸秆收贮站点，扶持建设完备的收贮站点网络体系。

四、重点项目及布局

（一）项目布局及内容

进一步加大投入力度，加快组织实施一批重点项目，发挥示范效应和带动作用，为实现秸秆综合利用规划确定的发展目标和重点任务提供有力支撑。按照与规划目标任务相衔接、与地区资源潜力相协调的原则，突出政策引导与市场化运作相结合、存量整合与增量带动互为推动，统筹规划、分步实施一批重点建设项目。

1. 秸秆肥料化利用工程

秸秆粉碎还田是利用特殊的还田作业机械和技术直接将秸秆掩埋于土壤之下，是当前我市秸秆综合利用比较经济、有效、现实的一条路径，它不需对秸秆进行收集、运输、加工等，还可以防止秸秆腐烂过程中 N、K 等养分的损失，促进 B 族维生素和作物生长激素的积累。

建设内容：2011～2015 年每年推广大中型拖拉机及其配套秸秆还田机 1 500 台左右。同时实行田亩补贴，利用财政资金对实施秸秆机械化还田的农民进行补助，补助标准每亩 15 元左右；

积极配套发展半喂入高性能联合收割机，市、县（区）政府拿出一定的资金，按照每年 100 台左右的发展速度，每台 1 万元的补贴标准，恢复对半喂入高性能联合收割机的购机补贴，享受市县级补贴的收割机械，必须按照合同的约定，承担本地一定面积且符合作业规范的收割任务。

重点区域：淮安、淮阴、涟水、盱眙、洪泽和金湖 6 县区水稻、小麦主产区。

2. 秸秆发电工程

加快待建秸秆发电厂建设，到 2015 年，力争 2 家秸秆发电厂全部建成并网发电，并在秸秆资源量较丰富且无较大规模秸秆利用项目的涟水县、金湖县等地区，选择适宜地点规划新建秸秆发电厂。

3. 秸秆工业原料化利用工程

引导扶持发展秸秆人造板等加工企业，以淮阴区鼎元科技发展有限公司利用秸秆生产高密度板，盱眙县黄花塘宝德包装材料有限公司和耿公草垫厂、盱眙惠民秸秆板材有限公司等为代表的秸秆工业化利用企业。积极推进淮安市百麦绿色生物能源有限公司秸秆提取乙醇等一批秸秆化工项目，努力提高秸秆附加值，增加秸秆消耗量。

4. 秸秆固化成型工程

大力推广秸秆固化成型燃料，到 2013 年，建设秸秆固化成型加工点 150 处以上。到 2015 年，超过 200 处以上。

5. 秸秆培养食用菌工程

通过发展专业合作组织、种植大户以及建设食用菌生产示范基地，到 2013 年，全市秸秆食用菌种植规模 660 万米^2；到 2015 年达 730 万米^2。

重点区域：秸秆食用菌工程重点推广区域是高效农业发达的淮阴区、涟水县、洪泽县、金湖县等地。

6. 户用秸秆沼气工程

以秸秆为主要发酵原料，通过秸秆预处理复合菌剂，破坏秸秆表面的蜡质层，加强半纤维素和纤维素的分解，通过厌氧微生物分解利用产生沼气的过程。该技术适用于缺乏原料的农村地区发展沼气。2011 年推广量达 3 万处，2013 年达 4.5 万处，2015 年达 5.5 万处。

重点区域：选择沼气池基础较好、养殖业不足沼气池发酵原料缺乏的村，推广户用秸秆沼气项目。

7. 秸秆汽化集中供气工程

在新农村集中居住点有计划发展秸秆汽化集中供气。按照技术经济核算，以每点 300 户左右较适宜，全市新建秸秆汽化集中供气站 8 个，累计达 15 个。以自然村为单元，设置汽化站（气柜设在汽化站内），附设管网，通过管网输送和分配生物质燃气到用户的家中。全市 15 处供气站年可消纳秸秆 0.5 万吨。2011 年建设 2 个，累计达 9 个，到 2013 年，全市新建秸秆汽化站达 12 个；到 2015 年，达到 15 个。

重点区域：当前，秸秆汽化集中供气工程重点推广区域是淮安市重点城市和机场（在建）周边、铁路、高速公路沿线及周边地区农民相对集中居住区。

（二）投资估算及资金来源

5 年期间秸秆综合利用的总投资约 21.14 亿元，其中：省级以上投入资金 4.35 亿元，市、县财政配套 0.62 亿元，企业与农户自筹 16.17 亿元。

在资金筹措方面，充分发挥市场机制作用，通过国家、地方、企业、社会多种途径，采取企业自筹、银行贷款、社会融资、利用外资、地方配套、国家补助等多种方式，建立多元化、多渠道、多层次的秸秆综合利用资金投入体系。

1. 秸秆粉碎还田工程

5 年期间秸秆切碎还田工作的总投资约 7.35 亿元，其中：省级以上投入资金 4 亿元，市、县财政配套 0.55 亿元，企业与农户自筹 2.8 亿元。

资金来源：省项目补助 2.6 亿元，省农机购置补贴 1.4 亿元；市、县财政配套补贴 5 500 万元；企业与农户自筹 2.8 亿元。

2. 户用秸秆沼气工程

投资估算：共计 542 万元，其中，每户需补助菌种 35 元，共需 192 万元，需建立 50 个沼气物业管理站，需 350 万元。

资金来源：政府补助 192 万元，主要用于菌种补助；部、省项目补助 250 万元；自筹 100 万元。

3. 秸秆固化成型工程

投资估算：每处投资约 40 万元，主要建设内容为秸秆粉碎（切割）、秸秆固化成型等设备以及供排水系统、消防设施、电力增容设施等。共计 3 600 万元。

资金来源：省项目补助 1 800 万元，政府补助 450 万元，自筹 1 350 万元。

4. 秸秆汽化集中供气工程

投资估算：每处秸秆汽化站投资 150 万元，汽化机组（汽化炉、净化设备和风机）60 万元；贮气柜：30 万元；站内管网和输送管网 30 万元；原料场和厂房建设费 30 万元，合计 1 200 万元。

资金来源：鉴于秸秆能源化利用是一项公益性、技术性强、安全要求高、管理复杂、直接经济收益不大的工程，根据现有管理经验，建议采取市场化运作，企业化管理。项目建设投资采取省、市、县财政与用户共同承担的办法，筹集资金。争取省清洁能源工程项目 110 万元/处，市县财政 10 万元/处，用户自筹 30 万元/处，政府提供的资金采取以奖代补方法直接补给承担项目运营公司和使用的农户。总投资 1 200 万元，其中：省财政 880 万元，市、县财政 80 万元，农户自筹 240 万元。

5. 秸秆发电工程

投资估算：总投资约 13.2 亿元。

资金来源：企业自筹。

6. 秸秆食用菌利用技术

投资估算：补助设施大棚和菌种费用。每亩补助 2 000 元，共需经费 600 万元。

资金来源：省、市高效农业项目财政补助。

（三）综合效益

秸秆综合利用有利于农田生态系统的稳定、农业增效、农民增收，促进农业可持续发展；有利于节能减排、防治污染、保护环境，促进循环经济发展与社会主义新农村建设。

秸秆肥料化利用，可增加土壤有机质含量，改善土壤结构，培肥地力，提高耕地的综合生产能力；同时可减少化肥、农药的施用量，降低农业生产成本，避免因施用过量化学药品造成环境污染，促进农田生态系统的良性循环和农业可持续发展。规划实施后，通过秸秆肥料化利用，每年可节省纯氮 2.5 万吨、五氧化二磷 0.5 万吨、氧化钾 5.9 万吨。

秸秆的饲料化和基料化利用，可促进农业内部结构调整和农村产业结构优化，有利于降低农民养畜成本、节约饲料粮，促进畜牧业发展。

秸秆的工业原料化利用，既能提供优质环保的工业用原料和产品，延长秸秆利用产业链，发展循环经济，增加产品的附加值；又能优化农村一二三产业结构，促进多种经营和农村加工业发展，壮大农村经济。

秸秆的能源化利用，一方面可避免因秸秆露天焚烧造成的环境污染和由此引发的交通事故，还可避免秸秆弃置引起的水体环境污染；同时可提供清洁的替代能源，有效保护和改善生态环境。规划实施后，通过秸秆能源化利用，每年可节约标煤约 190 万吨，减排二氧化硫 4.2 万吨。

五、保障措施

（一）加强领导，为秸秆综合利用提供组织保障

成立市秸秆综合利用工作领导小组，由市政府牵头，发改、农业、农机、科技、环保、财政等部门参加，建立联席会议制度，定期召集会议，研究解决秸秆综合利用工作中出现的新情况新问题，形成全市上下级各部门分工协作，齐抓共管的良好局面。制定出台秸秆综合利用管理制度，确保秸秆禁烧和综合利用各项措施有据可依，规范各项奖惩措施。通过健全的主体，完善的政策，规范的制度，推动全市秸秆综合利用工作向标准化、科学化、高效化方向发展。

（二）加强科研攻关，为秸秆综合利用提供技术保障

各相关部门、科研院所、相关企业，要加强技术攻关，针对不同地区、不同作物品种、种植习惯和产业基础等，因地制宜，制订秸秆综合利用技术规程，不断提高秸秆综合利用的技术水平和经济效益。农业、农机部门要加强秸秆还田综合应用技术、秸秆沼气技术和秸秆生物转化食用菌技术的集成与推广应用；畜牧部门加强秸秆饲料化利用技术的示范推广；发改委和能源部门要联合相关科研机构加强秸秆发电、秸秆炭化、活化技术的研究攻关；秸秆利用企业要加强技术创新，提高秸秆产品的市场占有率，扩大秸秆利用量。

（三）加强示范推广，为秸秆综合利用提供服务保障

秸秆收贮、秸秆还田、秸秆沼气、秸秆栽培食用菌等技术的推广应用涉及千家万户，各相关技术推广服务部门要加强试验示

范、宣传发动和技术培训，确保相关配套技术送到田间地头，进村入户，村组有农民技术员，户户有技术明白人。加强对秸秆收贮、秸秆还田机械操作人员的培训，建立健全秸秆沼气乡村服务网点，及时解决农民在秸秆综合利用中遇到的各项难题。劳动部门要将秸秆综合利用技术纳入农民培训年度计划，快速培养一批秸秆综合利用技术能手，为在全市范围内推广应用秸秆综合利用技术提供技术支撑。

（四）加大投入，为秸秆综合利用提供资金保障

市政府设立秸秆综合利用专项资金，用于扶持秸秆综合利用产业发展，使用方向以机具购置补贴、作业补贴、技术开发、技术培训、表彰奖励等为主，由市发改委会同农委、农机局等市有关部门审核认定后，报政府批准发放。引导民间资本、工商资本等投资秸秆综合利用项目建设，推进秸秆综合利用专业化运作，产业化发展。鼓励秸秆发电、秸秆制板企业实行技改，提高产能。强化农业招商，引进外资和外智发展以秸秆为原料的新型加工业。

（五）强力推进秸秆综合利用重大项目建设

以推进秸秆粉碎还田工程、秸秆堆沤还田工程、户用秸秆沼气工程、秸秆汽化集中供气工程、秸秆发电工程、秸秆食用菌利用工程等 6 大工程为主，实施一批重大项目，以点带面，推动全市秸秆综合利用工作全面有序开展。同时认真落实国家和省各项政策，积极支持秸秆综合利用方面的高新技术产品开发，对各类利用秸秆的工业企业及加工项目，在税收、信贷、用电、用水等方面给予扶持。

（六）完善目标责任制，加强督促检查

各县（区）政府为秸秆综合利用与禁烧工作的责任主体，县（区）长为第一责任人。市与县（区）、乡镇（街道）、村（居）要逐级签订秸秆综合利用与禁烧工作目标责任状，一级抓一级，层层抓落实。市环保、农业、农机、科技、畜牧、财政、林业、公安、交通等有关部门，要重点抓好检查指导工作，按照职责分工，密切配合，扎实工作，确保责任落实到位。市秸秆综合利用领导小组办公室要制定完善相关实施方案，建立健全各项工作制度，强化日常监督工作。要深入基层搞好调查研究，及时发现解决存在问题。各县（区）要坚持疏、堵并举，在麦收、秋收关键季节，加大督促检查工作力度，进一步抓好秸秆禁烧工作，全面推动秸秆的综合利用。

淮安市发展和改革委员会

淮安市农业委员会

淮安市农业机械管理局

二〇一一年十二月二十六日

参考文献

［1］肖宏儒，范伯仁．农作物秸秆综合利用技术与装备．北京：中国农业科学技术出版社，2009.

［2］刘培军，张曰林．作物秸秆综合利用．济南：山东科学技术出版社，2009.

［3］金涌等．资源·能源·环境·社会—循环经济科学工程原理．北京：化学工业出版社，2009.

［4］张世明．秸秆生物反应堆技术．北京：中国农业出版社，2012.

［5］中华人民共和国农业部课题组．秸秆综合利用100问．北京：中国农业出版社，2010.

［6］陆建，穆泉．秸秆压块成型技术研究分析．江苏农机化，2011，4：23～25.

［7］徐国伟，吴长付等．秸秆还田与氮肥管理对水稻养分吸收的影响．农业工程学报，2007，7：191～192.

［8］王和平．水稻秸秆机械化全量还田技术．江苏农机化，2009，1：28～30.

［9］屈素斋，王艳华．不同秸秆还田量的增产效益研究．中国农村小康科技，2007，1：61～62.

［10］孙星，刘勤．长期秸秆还田对土壤肥力质量的影响．土壤，2007，39：782～786.

［11］刘世平，陈后庆．稻麦两熟制不同耕作方式与秸秆还田对小麦产量和品质的影响．麦类植物学报，2007，27：859～893.

[12] 田宜水，孟海波编著．农作物秸秆开发利用技术．北京：化学工业出版社，2008．

[13] 张华．农作物秸秆综合利用新途径．农机科技推广，2009，03：39～40．

[14] 刘志刚，张彦军等．秸秆汽化技术的发展现状与建议．农机科技推广，2008，03：29～30．

[15] 王铁诠．青贮机械化技术的应用．农机科技推广，2006，03：33～34．

[16] 宗和文．江苏秸秆还田机械现状．山东农机化，2004，01：9～12．

[17] 王网山．秸秆还田技术推广应用分析．江苏农机化，2007，03：22～23．

[18] 马月虹，张佳喜，陈发．秸秆粉碎还田回收机性能试验．农机化研究，2009，04：126～128．

[19] 张大可．农用旋耕机的选与用．农机站，2005，09：33～34．

[20] 刘思江．论秸秆还田机的使用与维护．农林论坛，2007，03：95～96．

[21] 宋洪川．农村沼气实用技术．北京：化学工业出版社，2008．

[22] 张产瑞，蒋晓等．如何消除小麦高茬对水稻机插的影响．农机科技推广，2009，01：46．

[23] 胥明山，孙兆峰．9YY-80 型圆草打捆机的应用效果评价．江苏农机化，2004，01：25～26．

[24] 付敏良，夏吉庆．秸秆饲料青切揉碎机的设计．农机化研究，2009，03：89～91．

[25] 李林．再论秸秆还田机械化技术推广．江苏农机化，2004，01：31．

［26］史新明，张金城．市场急需稻麦秸秆打捆技术．农机科技推广，2007，07：34～37.

［27］王永亮．连云港打造"秸秆经济"．农机科技推广，2005，01：24.

［28］段海燕，贺小翠等．我国秸秆人造板工业的发展现状及前景展望．农机化研究，2009，05：18～21.

［29］张卫杰，关海滨等．我国秸秆发电技术的应用及前景．农机化研究，2009，05：18～21.

［30］董兵．秸秆还田存在的问题及措施．河南农业，2007，07：33.

［31］潘志勇，吴文良．不同秸秆还田模式和施氮量对农田CO_2排放的影响．土壤肥料，2006，1：14～16.

［32］冯亚军．创新推进秸秆综合利用工作加速和谐社会建设．江苏农机化，2009，06：57～58.

［33］杨明，彭卫东等．秸秆机械化还田工作的实践与思考．江苏农机化，2011，06：27.

［34］陈俊才，陈船福等．水稻秸秆还田技术初探．现代农业科技，2007，03：23～24.